Strahlenphysik, Dosimetrie und Strahlenschutz

Eine Einführung

Von Dr. rer. nat. Wolfgang Petzold
Akad. Direktor an der Universität Würzburg

Mit 91 Figuren, 27 Tabellen und 15 Beispielen

 B. G. Teubner Stuttgart 1983

Dr. rer. nat. Wolfgang Petzold

Geboren 1927 in Berlin. Studium der Physik an der Freien Universität Berlin (Diplomphysiker 1956, Promotion 1960). Assistent am 1. Physikalischen Institut der Freien Universität Berlin ab 1956, Oberassistent ab 1965. Seit 1965 am Physikalischen Institut der Universität Würzburg, 1971 Akademischer Direktor. 1967 Strahlenschutzbeauftragter für das Physikalische Institut. Seit 1973 Dozent an der Schule für medizinisch-technische Assistenten in Würzburg für das Fach „Strahlenphysik, Dosimetrie und Strahlenschutz". Seit 1975 Leiter von Ausbildungskursen für Strahlenschutzbeauftragte nach der Röntgen- und der Strahlenschutzverordnung.

CIP-Kurztitelaufnahme der Deutschen Bibliothek

Petzold, Wolfgang:
Strahlenphysik, Dosimetrie und Strahlenschutz:
e. Einf. / von Wolfgang Petzold. – Stuttgart:
Teubner, 1983.
ISBN 3-519-03052-7

Printed in Germany
Gesamtherstellung: Passavia Druckerei GmbH, Passau
Umschlaggestaltung: W. Koch, Sindelfingen

Vorwort

Die schädigende Wirkung ionisierender Strahlen auf den Menschen ist seit dem Beginn unseres Jahrhunderts bekannt und es hat seitdem immer Bemühungen gegeben, hiergegen wirksame Schutzmaßnahmen zu entwickeln. Einen besonders stürmischen Fortschritt im Strahlenschutz haben die vergangenen 10 Jahre gebracht, in denen das Bewußtsein aller Bevölkerungskreise für den Umweltschutz erheblich gewachsen ist. Die zunehmende Anwendung von Radionukliden und Röntgeneinrichtungen in Forschung, Technik und Medizin hat folgerichtig dazu geführt, die Ausbildung derer, die beruflich mit ionisierender Strahlung umzugehen haben, zu vertiefen und das Wissen um die Probleme eines wirksamen Strahlenschutzes zu erweitern.

Diesem Anliegen will dieses Buch als erste Einführung in die Problematik dienen. Es hat seinen Ursprung in einem Skript für technische Assistenten in der Medizin, das diesen die Nacharbeit eines auf 40 Stunden angelegten Kurses erleichtern sollte. Die vom Gesetzgeber in der Bundesrepublik Deutschland in der Röntgen- und in der Strahlenschutzverordnung geforderte Teilnahme an Fachkundekursen für Strahlenschutzbeauftragte führte zu einer Erweiterung des dargestellten Stoffes, um den Teilnehmern am Grundkurs im Strahlenschutz (24 Stunden) eine entsprechende Arbeitsunterlage in die Hand zu geben.

Seiner Zweckbestimmung entsprechend ist das Buch für ein erstes Studium der Grundlagen ausgerichtet. Es beschäftigt sich daher vornehmlich mit den Eigenschaften von Röntgen- und Gammastrahlung. Fragen im Zusammenhang mit Neutronenphysik (Reaktortechnik) und von Hochenergiebeschleunigern werden nicht behandelt.

Auf mathematische Formulierungen konnte nicht verzichtet werden, da quantitative Aussagen ohne sie nicht möglich sind. Es wurde jedoch versucht, den Stoff so auszuwählen und darzustellen, daß eine Kenntnis der vier Grundrechenarten, der Regeln der Potenzrechnung sowie der Logarithmen zum Verständnis ausreichen.

Die Angabe ergänzender und weiterführender Literatur wurde auf eine kleine Auswahl deutschsprachiger Werke beschränkt. Dagegen wurden die in der Bundesrepublik Deutschland verbindlichen Gesetze, Verordnungen und Normen fast vollständig zitiert, damit das Buch dem in der Praxis Tätigen bei Fragen des Strahlenschutzes weiterhelfen kann.

Für die Niederschrift des Buches haben mir viele Diskussionen mit Studenten, Kollegen des Physikalischen Instituts und Kursteilnehmern wertvolle Anregungen gegeben. Ihnen allen gebührt mein aufrichtiger Dank. Besonderen Dank habe ich meiner Frau abzustatten, die manches Wochenende auf ein Familienleben großmütig verzichtete, und meinem Sohn Thomas, der alle Reinzeichnungen herstellte.

Hoffentlich kann das Buch all denen helfen, die Strahlenschutz zu ihrem Beruf machen müssen, auch wenn so manches aus dem umfangreichen Gebiet nicht behandelt werden konnte. Besonders dankbar werde ich für Hinweise sein, die Verbesserungen für die Zukunft anregen.

Würzburg, im Dezember 1982   W. Petzold

Inhalt

1. Physikalische Vorbemerkungen

Die Physik kennt eine Reihe von Erhaltungssätzen, von denen der Energiesatz und der Impulssatz auch in der Strahlenphysik (Radiologie) eine wichtige Rolle spielen.

Der <u>Energieerhaltungssatz</u> besagt: In einem abgeschlossenen System bleibt die Gesamtenergie erhalten. In die Betrachtung sind alle vorhandenen Energieformen einzubeziehen, diese können ganz oder teilweise ineinander umgewandelt werden. Eine Änderung der Gesamtenergie erfordert eine Energiezufuhr von außen, z.B. durch Wärme (Erhitzen) oder durch mechanische Arbeit, oder aber eine Abgabe von Energie nach außen.

Beispiele für verschiedene Energieformen:

> Mechanische Energie
> > (Potentielle Energie = Energie der Lage,
> > kinetische Energie = Bewegungsenergie)
> Wärmeenergie
> Elektrische Energie
> Magnetische Energie
> Chemische Energie
> Bindungsenergie
> Ionisierungsenergie

Mit dem Begriff der Energie ist der der Arbeit eng verknüpft. Eine an einem System geleistete Arbeit führt zu einer Änderung seiner Gesamtenergie.

Die Arbeit ist definiert durch

$$A = \left| \vec{F} \right| \cdot \left| \vec{s} \right| \cdot \cos \Theta \, , \qquad (1.1)$$

dabei bedeuten in dieser Beziehung $\vec{F}$ die auf den Körper wirkende Kraft, $\vec{s}$ die Strecke, um die der Körper unter Einwirkung der Kraft verschoben wird, und Θ der Winkel zwischen der Kraftrichtung und der Verschiebungsrichtung.

$\vec{F}$ und $\vec{s}$ sind Vektoren. Sie lassen sich durch Pfeile nach Betrag und Richtung veranschaulichen. Die Länge der Vektoren (ihr Betrag) wird durch $\left| \vec{F} \right|$ = F bzw. $\left| \vec{s} \right|$ = s bezeichnet. Die Arbeit (wie auch die Energie) ist dagegen eine skalare Größe, sie ist durch den Betrag allein gekennzeichnet.

$\vec{F}$ und $\vec{s}$ brauchen während der Verschiebung weder nach Betrag noch Richtung konstant zu sein. In diesem Falle ist die Arbeit stückweise zu berechnen und die einzelnen Teilbeträge sind zu summieren (integrieren).

Beispiel 1.1 Mechanische Arbeit im Schwerefeld der Erde.

Um einen Körper der Masse m gegen die Anziehungskraft der Erde (Erdbeschleunigung g = 9,81 $m \cdot s^{-2}$) zu heben, ist eine Hubarbeit erforderlich (Fig. 1.1a): A = m · g · h, (Θ = 180°, cos Θ = -1, die Arbeit wird von außen geleistet und erhöht die potentielle Energie E_{pot} des Körpers): E_{pot} = m · g · h.

Um den Körper auf einer horizontalen Unterlage (Tisch) zu verschieben (Fig. 1.1b), ist bei vernachlässigbarer Reibung keine Arbeit erforderlich: A = m · g · s · cos Θ = 0, weil Θ = 90°, cos Θ also gleich Null ist.

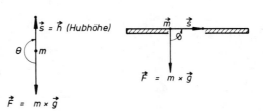

Fig. 1.1 Zur Berechnung mechanischer Arbeiten.
     (a) Hubarbeit   (b) Horizontale Verschiebung

Die Anwendung des Energiesatzes im atomaren Bereich, vor allem bei der Betrachtung von Ereignissen, an denen elektro-magnetische Strahlung (Röntgenstrahlung, γ-Strahlung) beteiligt ist, muß eine weitere Größe einbeziehen, die zunächst mit einer Energieform keinen Zusammenhang zu haben scheint. Es gibt jedoch Prozesse (z.B. Paarbildung, Vernichtungsstrahlung), bei denen Energie (Strahlungsenergie) in Masse umgewandelt wird und umgekehrt: Masse und Energie sind äquivalente Größen, die nach den Arbeiten von A. E i n s t e i n durch die Gleichung

$$E = m \cdot c^2 \qquad\qquad (1.2)$$

verknüpft sind. In der Gleichung bedeuten E die Gesamtenergie und m die Masse des Teilchens, c die Lichtgeschwindigkeit.

Ein Energiebetrag E - gleich ob kinetische oder potentielle Energie, ob chemische Energie, Kernenergie oder sonst eine Energie - kann immer so betrachtet werden, als besäße er eine Masse $m = E/c^2$, umgekehrt kann die Masse m eines materiellen Körpers immer als Äquivalent eines Energiebetrages $E = m \cdot c^2$ angesehen werden. Wir werden später Prozesse kennen lernen, bei denen die Umwandlung Energie → Masse und Masse → Energie tatsächlich beobachtet wird.

Ähnlich wie der Energieerhaltungssatz verlangt der Impulserhaltungssatz: In einem abgeschlossenen System bleibt der Gesamtimpuls erhalten.

Der Impuls $\vec{p}$ eines bewegten Teilchens der Masse m und der Geschwindigkeit $\vec{v}$ ist

$$\vec{p} = m \cdot \vec{v} \qquad (1.3)$$

Für ein aus mehreren Teilchen bestehendes System ist der Gesamtimpuls durch die Addition der Impulse der einzelnen Teilchen zu bilden. Die Teilchen des Systems können untereinander Impulse austauschen (z.B. durch Stoß), die Summe bleibt jedoch bei Fehlen äußerer Einwirkungen konstant.

2. Maßeinheiten

Die Definitionen der physikalischen (und technischen) Maßeinheiten haben in jüngster Zeit eine grundlegende Revision erfahren. In vielen Bereichen der Physik wurden Maßeinheiten verwendet, die auf Grund historischer Meßverfahren festgelegt waren und vorhandene Zusammenhänge kaum erkennen ließen. 1970 wurden in Deutschland die sogenannten SI-Einheiten als in sich konsistentes System gesetzlich verbindlich.

SI: Internationales Einheitensystem, Abkürzung für Système International d'Unites. Die Basisgrößen und Basiseinheiten dieses Systems sind

Basisgröße	Basiseinheit	Einheiten-zeichen
Länge	Meter	m
Masse	Kilogramm	kg
Zeit	Sekunde	s
Elektrische Stromstärke	Ampere	A
Thermodynamische Temperatur	Kelvin	K
Stoffmenge	Mol	mol
Lichtstärke	Candela	cd

Tab. 2.1 Basisgrößen und Basiseinheiten des SI-Sytems.

Das zuvor verwendete MKSA-System ist mit dem SI-System identisch, das cgs-System unterscheidet sich durch Zehnerpotenzen in den Maßzahlen. Alle anderen Maßeinheiten, z.T. mit eigener Benennung, sind abgeleitete Größen.

Die Basiseinheiten des SI-Systems sind in dem "Gesetz über Einheiten im Meß-wesen" vom 2. Juli 1969 wie folgt festgelegt:

1 Meter ist das 1.650.763,73fache der Wellenlänge der von Atomen des Nuklids ^{86}Kr beim Übergang vom Zustand $5d_5$ zum Zustand $2p_{10}$ ausgesandten, sich im Vakuum ausbreitenden Strahlung(λ = 605,780 nm, orange).

1 Kilogramm ist die Masse des internationalen Kilogrammprototyps.

1 Sekunde ist das 9.192.631.770fache der Periodendauer der dem Übergang zwischen den beiden Hyperfeinstrukturniveaus des Grundzustandes von Atomen des Nuklids ^{133}Cs entsprechenden Strahlung.
(λ = 32,612 cm).

1 Ampere ist die Stärke eines zeitlich unveränderlichen elektrischen Stromes, der, durch zwei im Vakuum parallel im Abstand 1 Meter voneinander angeordnete, geradlinige, unendlich lange Leiter von vernachlässigbar kleinem, kreisförmigen Querschnitt fließend, zwischen diesen Leitern je 1 Meter Leiterlänge elektrodynamisch die Kraft $2 \cdot 10^{-7}$ Newton hervorrufen würde.

1 Kelvin ist der 273,16te Teil der thermodynamischen Temperatur des Tripelpunktes des Wassers.

1 Mol ist die Stoffmenge eines Systems, das aus ebenso vielen Einzelteilchen besteht, wie Atome in 12/1000 Kilogramm des Kohlenstoffnuklids ^{12}C enthalten sind. Bei Verwendung des Mol müssen die Einzelteilchen des Systems spezifiziert sein und können Atome, Moleküle, Ionen, Elektronen sowie andere Teilchen oder Gruppen solcher Teilchen genau angegebener Zusammensetzung sein.

1 Candela ist die Lichtstärke, mit der 1/600.000 Quadratmeter der Oberfläche eines Schwarzen Strahlers bei der Temperatur des beim Druck 101.325 Newton durch Quadratmeter erstarrenden Platins senkrecht zu seiner Oberfläche leuchtet.
(Die Temperatur des Erstarrungspunktes eines Stoffes ist vom Druck abhängig, weshalb dieser in der vorstehenden Definition festgelegt wird. Der Druck von $1,013 \cdot 10^{5}$ N/m² = 1013 mbar entspricht etwa dem Atmosphärendruck, die zugehörige Temperatur beträgt etwa 1679°C oder 2042 K).

Bei allen Maßeinheiten können Vorsilben zur Kennzeichnung von dezimalen Vielfachen und dezimalen Bruchteilen verwendet werden. Sie ersparen unter Umständen das Schreiben von Zehnerpotenzen:

1) Dezimale Vielfache:

Faktor	Vorsatzsilbe	Vorsatzzeichen
10	Deka	da
10^2	Hekto	h
10^3	Kilo	k
10^6	Mega	M
10^9	Giga	G
10^{12}	Tera	T
10^{15}	Peta	P
10^{18}	Exa	E

2) Dezimale Bruchteile:

Faktor	Vorsatzsilbe	Vorsatzzeichen
10^{-1}	Dezi	d
10^{-2}	Zenti	c
10^{-3}	Milli	m
10^{-6}	Mikro	μ (u)
10^{-9}	Nano	n
10^{-12}	Piko	p
10^{-15}	Femto	f
10^{-18}	Atto	a

Aus den Basiseinheiten werden in der Physik abgeleitete Größen gebildet, die z.T. besondere Namen und Einheitenzeichen tragen. Beispiele für abgeleitete Größen:

$$\text{Geschwindigkeit} = \frac{\text{Länge}}{\text{Zeit}} \qquad m \cdot s^{-1} \; ; \; \frac{m}{s} \; ; \; m/s$$

$$\text{Beschleunigung} = \frac{\text{Geschwindigkeit}}{\text{Zeit}} \qquad m \cdot s^{-2} \; ; \; \frac{m}{s^2} \; ; \; m/s^2$$

$$\text{Kraft} = \text{Masse} \cdot \text{Beschleunigung} \qquad kg \cdot m \cdot s^{-2} = N \; (\text{Newton})$$

$$\text{Arbeit} = \text{Kraft} \cdot \text{Weg} \; (= \text{Energie}) \qquad N \cdot m = J \; (\text{Joule})$$

$$\text{Leistung} = \frac{\text{Arbeit}}{\text{Zeit}} \qquad J \cdot s^{-1} \; (\text{Watt})$$

$$\text{Impuls} = \text{Masse} \cdot \text{Geschwindigkeit} \qquad kg \cdot m \cdot s^{-1}$$

$$\text{Elektrische Ladung} = \text{Strom} \cdot \text{Zeit} \qquad A \cdot s = C \; (\text{Coulomb})$$

$$\text{Spannung} = \frac{\text{Leistung}}{\text{Stromstärke}} \qquad \frac{W}{A} = V \; (\text{Volt})$$

$$\text{Elektrische Feldstärke} = \frac{\text{Spannung}}{\text{Länge}} \qquad V \cdot m^{-1} = \frac{V}{m} \; ; \; V/m$$

In der "Ausführungsverordnung zum Gesetz über Einheiten im Meßwesen" vom
26. Juni 1970 in der Fassung vom 8. Mai 1981 sind Fristen festgelegt, während
der neben bestimmten abgeleiteten SI-Einheiten andere ältere Einheiten verwendet werden können. So dürfen z.B. in der Radiologie und in der Dosimetrie bis
zum 31. Dezember 1985 verwendet werden: Das "Curie" für die Aktivität einer
radioaktiven Substanz, für die Energie- oder Äquivalentdosis das "Rad" bzw.
das "Rem" und für die Ionendosis das "Röntgen". Für einen Vergleich älterer
Daten mit neuesten Ergebnissen ist es unerläßlich, die notwendigen Umrechnungsfaktoren zu kennen.

Für atomphysikalische Einheiten bestimmt das Gesetz über Einheiten im Meßwesen
vom 02.07.1969:

Atomphysikalische Einheit der Masse für die Angabe von Teilchenmassen ist die
atomare Masseneinheit (Kurzzeichen: u). 1 atomare Masseneinheit ist der 12te
Teil der Masse eines Atoms des Nuklids ^{12}C (Kohlenstoff-12).

Atomphysikalische Einheit der Energie ist das Elektronvolt (Kurzzeichen: eV).
1 Elektronvolt ist die Energie, die ein Elektron bei Durchlaufen einer Potenti-
aldifferenz von 1 Volt im Vakuum gewinnt. Die Umrechnung in SI-Einheiten liefert

$$1 \text{ eV} = 1,602 \cdot 10^{-19} \text{ J (Joule)} . \qquad (2.1)$$

Zur "atomaren Masseneinheit" vgl. Abschn. 4.1, die Einheit "Elektronvolt" wird
im Anhang (Abschn. 9.1) erläutert.

3. Wellen und Teilchen

In der Radiologie haben wir es mit Strahlung von unterschiedlichem Charakter zu tun, nämlich mit Teilchenstrahlung (Korpuskularstrahlung) wie auch mit elektro-magnetischer Wellenstrahlung.

3.1 Teilchenstrahlung

Unter Teilchenstrahlung verstehen wir eine Anzahl von Teilchen der Masse m, die gemeinsam in eine definierte Richtung mit der Geschwindigkeit $\vec{v}$ fliegen. Jedem einzelnen Teilchen kommt eine bestimmte kinetische Energie E_{kin} und ein bestimmter Impuls $\vec{p}$ zu:

$$E_{kin} = \frac{1}{2} \cdot m \cdot v^2 \quad , \quad v \ll c \quad , \tag{3.1}$$

$$\vec{p} = m \cdot \vec{v} \tag{3.2}$$

Mit wachsender kinetischer Energie kann nach der Gleichung (3.1) die Geschwindigkeit v des Teilchens beliebig groß werden. Es gibt für Teilchen in der Natur jedoch keine größere Geschwindigkeit als die Lichtgeschwindigkeit $c = 3 \cdot 10^8$ m·s^{-1}. Die Gültigkeit der Gleichung (3.1) muß daher eingeschränkt werden, sie gilt nur solange, wie die Bahngeschwindigkeit des Teilchens v klein ist gegen die Lichtgeschwindigkeit c (v ≪ c). Ist jedoch die Bahngeschwindigkeit des Teilchens mit der Lichtgeschwindigkeit vergleichbar, gilt die aus der speziellen Relativitätstheorie folgende Beziehung

$$E_{kin} = m \cdot c^2 - m_o \cdot c^2 \quad . \tag{3.3}$$

Man bezeichnet mit

$$E = m \cdot c^2 \tag{3.3a}$$

die Gesamtenergie des Teilchens und mit

$$E_o = m_o \cdot c^2 \tag{3.3b}$$

die Ruheenergie des Teilchens. Man kann mit anderen Worten auch sagen, daß sich die Gesamtenergie eines bewegten Teilchens aus der Ruheenergie und der kinetischen Energie additiv zusammensetzt. Die Masse des bewegten Teilchens wächst mit zunehmender Energie an:

$$m = \frac{m_o}{\sqrt{1 - v^2/c^2}} \tag{3.4}$$

Die Geschwindigkeit des Teilchens als Funktion der Energie ergibt sich dann
aus

$$E_{kin} = \frac{m_o \cdot c^2}{\sqrt{1 - v^2/c^2}} - m_o \cdot c^2 = \frac{E_o}{\sqrt{1 - v^2/c^2}} - E_o \tag{3.5}$$

nach einfacher Umrechnung zu

$$v = c \cdot \sqrt{\frac{E_{kin}^2 + 2 \cdot E_{kin} \cdot E_o}{(E_{kin} + E_o)^2}} \ . \tag{3.6}$$

Setzt man den Wert für

$$\sqrt{1 - v^2/c^2} = \frac{E_o}{E_{kin} + E_o} \tag{3.7}$$

in die Massenformel ein, so hat man

$$m = m_o \cdot (1 + \frac{E_{kin}}{E_o}) \ . \tag{3.8}$$

Solange die kinetische Energie des Teilchens klein gegen die (äquivalente)
Ruheenergie ist, bleibt die Masse des Teilchens (nahezu) konstant und ist
gleich der Ruhemasse. Bei großen kinetischen Energien kann man in Gl. (3.8)
die 1 in der Klammer gegen E_{kin}/E_o vernachlässigen. In diesem Bereich steigt
also die Masse des Teilchens proportional zur kinetischen Energie an.

Die aus der Mechanik vertraute Formel für die kinetische Energie (3.1) folgt
aus der relativistischen Formel durch Näherungsrechnung, wenn die Bahngeschwindigkeit v gegen die Lichtgeschwindigkeit c vernachlässigt werden kann:

$$E_{kin} = m_o \cdot c^2 \cdot (\frac{1}{\sqrt{1 - v^2/c^2}} - 1) \tag{3.9}$$

$$\approx m_o \cdot c^2 \cdot [1 + \frac{1}{2} \cdot (v^2/c^2) - 1] = \frac{1}{2} \cdot m_o \cdot v^2 \ .$$

Beispiel 3.1 Masse und Geschwindigkeit relativistischer Elektronen.

$$m_o = 0{,}9109 \cdot 10^{-30} \text{ kg entsprechend einer Ruheenergie von } E_o = 0{,}5110 \text{ MeV}$$
$$c = 2{,}997925 \cdot 10^8 \text{ m} \cdot \text{s}^{-1}$$

E_{kin}		m/m_o	v/c
10^2	eV	1,0002	0,020
10^3	eV = 1 keV	1,0020	0,062
10^4	eV	1,020	0,195
10^5	eV	1,20	0,548
10^6	eV = 1 MeV	2,96	0,941
10^7	eV	20,6	0,9988
10^8	eV	197	0,999987
10^9	eV = 1 GeV	1960	0,99999987
10^{10}	eV	19600	0,9999999975

Tab. 3.1 Relativistische Änderung von Geschwindigkeit und Masse eines Elektrons als Funktion seiner kinetischen Energie gemäß Gl. (3.6) $\left[(v/c)\right]$ und Gl. (3.8) $\left[(m/m_o)\right]$.

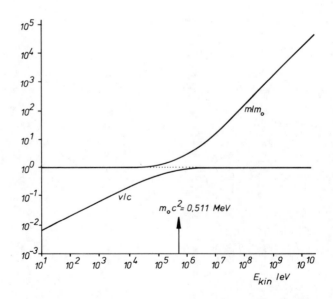

Fig. 3.1 Relativistische Änderung von Geschwindigkeit und Masse eines Elektrons als Funktion seiner kinetischen Energie (Werte nach Tab. 3.1).

3.2 Die elektro-magnetische Welle

Die Wellenstrahlung, mit der wir es in der Radiologie zu tun haben, besteht aus elektro-magnetischen Wellen. Sie können sich nicht nur im materieerfüllten Raum sondern auch im Vakuum, d.h. im leeren Raum ausbreiten. Der Begriff der Welle spielt in der Physik eine weitreichende Rolle. Zur Veranschaulichung wird häufig der Vergleich mit Wasserwellen herangezogen.

Die Welle ist ein in Raum und Zeit periodischer Vorgang. Dies will folgendes sagen: Zu verschiedenen Zeitpunkten können wir die Auslenkung a als Funktion des Ortes x wie in Fig. 3.2 skizzieren. Der Abstand zwischen zwei Punkten der Welle mit gleichem Schwingungszustand (gleiche Auslenkung und gleiche Phase)

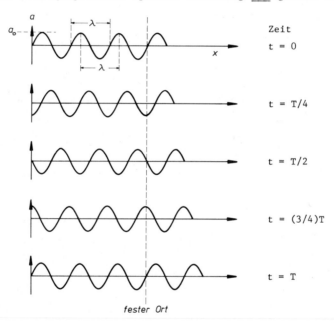

Fig. 3.2 Zur Beschreibung einer Welle als Funktion des Ortes zu verschiedenen Zeitpunkten.

heißt Wellenlänge λ. Die Schwingungsdauer T ist die Zeit, nach der an festem Ort der gleiche Schwingungszustand wieder erreicht wird. Nach der Zeit T ist die Welle um eine Wellenlänge vorgerückt. Betrachten wir einen festen Ort, dann bewirkt die Welle an ihm eine periodische Auslenkung a in Abhängigkeit von der Zeit t (Fig. 3.3).

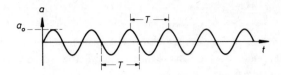

Fig. 3.3 Zur Beschreibung einer Welle an festem Ort als Funktion der Zeit.

Der Kehrwert der Schwingungsdauer T heißt Frequenz ν der Schwingung. Wird die Schwingungsdauer T in Sekunden gemessen, so gibt der Zahlenwert von ν die Zahl der Schwingungen in der Sekunde an:

$$\nu = 1/T \ . \tag{3.10}$$

Da die Welle während der Zeitdauer T um eine Wellenlänge λ fortschreitet, ist die Ausbreitungsgeschwindigkeit v (Weg/Zeit)

$$v = \lambda/T = \lambda \cdot \nu \ . \tag{3.11}$$

Mathematisch läßt sich eine (ebene) Welle durch eine Winkelfunktion darstellen, die doppelte Periodizität (in Zeit und Raum) kommt in dem Argument der Winkelfunktion durch zwei Glieder, nämlich das frequenz- und das ortsabhängige Glied, zum Ausdruck:

$$a = a_o \cdot \sin 2\pi(\nu \cdot t - x/\lambda)$$

oder $\tag{3.12}$

$$a = a_o \cdot \sin 2\pi(t/T - x/\lambda) \ .$$

Es gibt viele Wellenarten, z.B. Wasserwellen (Oberflächenwellen), Schallwellen, Erdbebenwellen, Druckwellen. Die genannten Arten sind an das Vorhandensein von Materie geknüpft. Die Auslenkung ist eine reale Verschiebung der Atome und Moleküle im Rythmus der Welle.

Die elektro-magnetische Welle kann sich - wie bereits gesagt - auch im Vakuum ausbreiten. In ihr schwingt nicht Materielles, sondern die elektrische Feldstärke $\vec{E}$ und die magnetische Kraftflußdichte $\vec{B}$ (magnetische Feldstärke $\vec{H}$). Beide Feldstärken stehen aufeinander senkrecht sowie auch senkrecht auf der Fortpflanzungsrichtung.

Eine elektrische Ladung q, die in den Bereich einer elektro-magnetischen Welle gebracht wird, erfährt durch die elektrische Feldstärke $\vec{E}$ eine Kraft

$$\vec{F} = q \cdot \vec{E} \, , \qquad\qquad (3.13)$$

die wegen der periodisch wechselnden Richtung von $\vec{E}$ die Ladung zum Schwingen erregt (ähnlich wie einen ortsfesten Kahn auf einer Wasser-Oberflächenwelle).

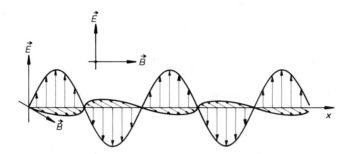

Fig. 3.4 Elektro-magnetische Welle. Elektrische Feldstärke $\vec{E}$ und magnetische Kraftflußdichte $\vec{B}$ stehen senkrecht aufeinander und senkrecht zur Ausbreitungsrichtung x.

Mit der elektro-magnetischen Welle wird Energie transportiert. Die Sonnenstrahlung führt z.B. zu einer Erwärmung der Erdoberfläche. Wir beziehen die transportierte Energie E auf die Zeit t und eine senkrecht zur Ausbreitungsrichtung stehende Fläche A (z.B. einen Strahlungsempfänger) und nennen

$$I = \frac{E}{A \cdot t} \qquad\qquad (3.14)$$

die Intensität der Strahlung. Sie ist also der Quotient aus Strahlungsenergie und dem Produkt aus Fläche und Zeit, die SI-Einheit ist $J/(m^2 \cdot s) = W/m^2$. Da der Quotient aus Energie und Zeit die Strahlungsleistung ist, kann man auch sagen: Die Intensität ist der Quotient aus Strahlungsleistung und (Empfänger-) Fläche, die auf der Ausbreitungsrichtung senkrecht steht (Bestrahlungsstärke).

Da die Welle ein räumlich weit ausgedehntes Gebilde ist, gibt man die in ihr transportierte Energie oft durch die Energiedichte w an. Sie ist der Quotient aus der Energie E und dem Volumen V, in dem diese Energie gespeichert ist.

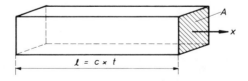

Fig. 3.5 Zum Zusammenhang von Intensität und Energiedichte.

Um den Zusammenhang zwischen Intensität und Energiedichte herzustellen, betrachten wir einen quaderförmigen Bereich der Welle (Fig. 3.5). Auf die Fläche
A treffe die Welle mit der Intensität I, ihre Ausbreitungsgeschwindigkeit sei
c. In der Zeit t trifft alle Strahlung auf die Fläche A, die in dem Quader mit
der Grundfläche A und der Länge ℓ = c·t enthalten ist. Der Fläche wird also
die Energie E = I·A·t zugeführt, die in dem Quader mit dem Volumen V = A·c·t
enthalten ist. Also ist die Energiedichte (Energie pro Volumen)

$$w = \frac{E}{V} = \frac{I \cdot A \cdot t}{A \cdot c \cdot t} = \frac{I}{c} \; . \qquad (3.15)$$

Jedes Volumen V der Welle transportiert die Energie w·V mit der Geschwindigkeit c in Ausbreitungsrichtung.

Die elektro-magnetischen Wellen werden wegen der Vielfalt ihrer Eigenschaften
und Nutzung in Gruppen klassifiziert. Die Tabelle 3.2 gibt einen groben Über-
blick.

Typ (Erzeugung)	Frequenz/Hz	Wellenlänge/m
Elektrische Stromversorgung (elektr. Maschinen)	50	$6 \cdot 10^6$
Lang-, Mittel- und Kurzwellenradio (Elektronik)	$0{,}5 \cdot 10^6 \; \ldots \; 2 \cdot 10^7$	$6 \cdot 10^2 \; \ldots \; 15$
Fernsehen und UKW-Radio (Elektronik)	$4 \cdot 10^7 \; \ldots \; 2 \cdot 10^8$	$7{,}5 \; \ldots \; 1{,}5$
Mikrowellen, Radar (Spezielle Vakuum-röhren, Gundiode)	$10^9 \; \ldots \; 3 \cdot 10^{11}$	$0{,}3 \; \ldots \; 10^{-3}$
Infrarot-Strahlung (heiße Körper)	$3 \cdot 10^{11} \; \ldots \; 4{,}3 \cdot 10^{14}$	$10^{-3} \; \ldots \; 7 \cdot 10^{-7}$
Sichtbares Licht (Lampen, Sonne)	$4{,}3 \cdot 10^{14} \; \ldots \; 7{,}5 \cdot 10^{14}$ (rot) (violett)	$7 \cdot 10^{-7} \; \ldots \; 4 \cdot 10^{-7}$
Ultraviolettes Licht (Gasentladungslampen, sehr heiße Körper)	$7{,}5 \cdot 10^{14} \; \ldots \; 10^{16}$	$4 \cdot 10^{-7} \; \ldots \; 3 \cdot 10^{-8}$
Röntgenstrahlen, γ-Strahlen (Stöße hochenergetischer Elektronen, Kernreaktionen, Beschleuniger,Höhenstrahlung)	10^{16}	$3 \cdot 10^{-8}$

Tab. 3.2 Typen elektro-magnetischer Wellen. In Klammern sind jeweils Erzeu-
gungsmöglichkeiten angedeutet.

3.3 Dualismus Welle - Teilchen

Der Begriff der Welle ist ein Begriff der Kontinuumsphysik. Die Welle erfüllt einen bestimmten Raum, ihre Eigenschaften werden durch Frequenz, Wellenlänge, Ausbreitungsrichtung und Energiedichte (Intensität) charakterisiert. Einzelheiten im mikroskopischen und atomaren Bereich werden nicht erfaßt, bei der Wasserwelle oder bei der Schallwelle werden z.B. die Bewegungen der einzelnen Atome und Moleküle nicht beschrieben.

Untersucht man die Wechselwirkung elektro-magnetischer Wellen mit Molekülen, Atomen und Elementarteilchen, so wird man teilweise zu Ergebnissen geführt, die nur dadurch interpretiert werden können, daß man die Vorstellung einer kontinuierlich verteilten Energie in der Welle fallen läßt. Ähnlich wie die Masse in den Elementarteilchen (Proton, Neutron, Elektron usw.) ist die Energie der Welle an bestimmten Stellen als "Paket" konzentriert. Man nennt diese Energiepakete

Quanten: Lichtquanten, Röntgenquanten, Gammaquanten

Sie treten bei der Wechselwirkung elektro-magnetischer Strahlung im atomaren und subatomaren Bereich in Erscheinung. Man bezeichnet sie auch mit ·dem Sammelbegriff Photonen. Die in einem Quant "gebündelte" Energie ergibt sich aus den Experimenten (z.B. lichtelektrischer Effekt) zu

$$E_{Quant} = h \cdot \nu . \qquad (3.16)$$

h ist wie die Lichtgeschwindigkeit oder die Elementarladung eine universelle Naturkonstante. Sie heißt Plancksches Wirkungsquantum und hat den Zahlenwert

$$h = 6,6256 \cdot 10^{-34} \, J \cdot s . \qquad (3.17)$$

Der Energie eines Quants läßt sich wegen der Einsteinschen Masse-Energie-Äquivalenz (Gl. 3.3a) eine Masse zuordnen:

$$m \cdot c^2 = E_{Quant} = h \cdot \nu , \qquad (3.18)$$

und daher

$$m = \frac{h \cdot \nu}{c^2} = \frac{h}{c \cdot \lambda} . \qquad (3.19)$$

Mit der Masse läßt sich für das Quant auch ein Impuls $\vec{p} = m \cdot \vec{v}$ angeben. Mit der

Ausbreitungsgeschwindigkeit $v = c$ für elektro-magnetische Strahlung ergibt sich für den Betrag $\left| \vec{p} \right| = p$ des Impulses

$$p_{Quant} = \frac{h}{c \cdot \lambda} = \frac{h}{\lambda} \quad . \tag{3.20}$$

Es muß an dieser Stelle besonders darauf hingewiesen werden, daß die beim Quant auftretende Masse eine Folge des mit Lichtgeschwindigkeit bewegten Energiepaketes ist. Die Ruhemasse m_o des Quants ist Null!

Je nach Experiment kann die elektro-magnetische Strahlung als Welle in Erscheinung treten (Interferenz, Beugung) oder aber - ähnlich wie ein Teilchen - als Quant, wenn es sich um Wechselwirkungen im atomaren Bereich handelt. Auf der anderen Seite können sich Teilchen wie eine Welle verhalten: Elektronenstrahlen z.B. zeigen unter bestimmten Versuchsbedingungen Beugung und Interferenz, Erscheinungen, die als Charakteristikum der Welle anzusehen sind. Man spricht dann von Materiewellen. Die äquivalente Wellenlänge (de Broglie-Wellenlänge) ergibt sich, wenn man den Impuls des Quants $p = h/\lambda$ dem Impuls eines bewegten Teilchens $p = m \cdot v$ gleichsetzt. Man erhält

$$\lambda_{Materiewelle} = \frac{h}{m \cdot v} \quad . \tag{3.21}$$

Beispiel 3.2 Materiewellenlänge für Elektronen (Elektronenmikroskop):

$$E_{kin} = 60 \text{ keV} = 0,06 \text{ MeV} , \quad E_o = 0,511 \text{ MeV}$$

$$v = c \cdot \sqrt{\frac{E_{kin}(E_{kin} + 2E_o)}{(E_{kin} + E_o)^2}} = 3 \cdot 10^8 \cdot \sqrt{\frac{0,06 \cdot (0,06 + 2 \cdot 0,511)}{(0,06 + 0,511)^2}} \quad \frac{m}{s}$$

$$v = 1,34 \cdot 10^8 \text{ m} \cdot \text{s}^{-1}$$

$$m = m_o \cdot (1 + \frac{E_{kin}}{E_o}) = 0,91 \cdot 10^{-30} \cdot (1 + \frac{0,060}{0,511}) \text{ kg}$$

$$m = 1,02 \ 10^{-30} \text{ kg}$$

$$p = m \cdot v = 1,37 \cdot 10^{-22} \text{ kg} \cdot \text{m} \cdot \text{s}^{-1}.$$

Damit erhält man schließlich

$$\lambda_{Materiewelle} = \frac{h}{m \cdot v} = \frac{6,63 \cdot 10^{-34}}{1,37 \cdot 10^{-22}} \text{ m} = 4,8 \cdot 10^{-12} \text{ m}$$

Zum Vergleich: Die Grenzwellenlänge von Röntgenstrahlung, die mit

$$60 \text{ keV-Elektronen}$$

erzeugt werden (vgl. Abschn. 5.2 und Gl. 5.4), beträgt

$$\lambda_{min} = 20 \cdot 10^{-12} \text{ m}.$$

Wir können abschließend gegenüberstellen:

Welle	Teilchen (Quant)
Kontinuum	Individuum
Makroskopische Beschreibung der Gesamtheit	Mikroskopische Beschreibung der Elementarprozesse
Energiedichte	Ruheenergie und kinetische Energie (Gesamtenergie)
Wellenlänge, Frequenz	Masse, Impuls
Ausbreitungsgeschwindigkeit und -richtung	Fluggeschwindigkeit und -richtung

4. Atombau und Radioaktivität

4.1 Atombau

Das Atom besteht aus einem Kern und einer Hülle, die aus Elektronen, die den Kern umgeben, gebildet wird.

Die Atomhülle besteht aus Elektronen. Sie hat einen Durchmesser von größenordnungsmäßig 10^{-10} m = 0,1 nm. Der oft gebrauchte Vergleich des Atoms mit unserem Planetensystem (Kern = Sonne, Elektronen = Planeten) ist sehr grob und meist fraglich. Die Verteilung der Elektronen wird durch das Atommodell der Quantenphysik mehr über eine Aufenthaltswahrscheinlichkeit als durch eine Elektronenwolke mit bestimmter Struktur beschrieben. Zur Veranschaulichung kann man sich jedoch die Orte mit der größten Aufenthaltswahrscheinlichkeit als Schalen vorstellen, in denen die den Kern umgebenden Elektronen geordnet sind.

Die Elektronen, die den Kern in diesen "Schalen" umgeben, unterscheiden sich in ihrer von der Atomart abhängigen Bindungsenergie. Die Schalen werden von innen nach außen durchnumeriert und mit großen Buchstaben bezeichnet. Wenn n die Nummer der Schale bedeutet, ist die Zahl der Elektronen, die maximal in der betreffenden Schale vorkommen kann, gleich $2 \cdot n^2$:

Nummer der Schale	Bezeichnung der Schale	Maximale Zahl der Elektronen
n = 1	K-Schale	2
2	L-Schale	8
3	M-Schale	18
4	N-Schale	32
5	O-Schale	50
6	(P-Schale)	...
7	(Q-Schale)	...

Tab. 4.1 Bezeichnungen der Schalen in der Elektronenhülle eines Atoms.

Der Atomkern wird aus Protonen und Neutronen gebildet, sie bestimmen im wesentlichen die Masse des Gesamtatoms. Der Radius des Kernes beträgt größenordnungsmäßig 10^{-15} m = 1 Fm.

Die Masse der Kerne wird meist in atomaren Masseneinheiten angegeben. Da das Proton wie auch das Neutron recht genau die Masse 1 u haben, ergeben sich in dieser Maßeinheit für die Kerne nahezu ganzzahlige Zahlenwerte.

Mit Hilfe der Avogadro-Konstanten N_A (Quotient aus Teilchenzahl in einer Stoffmenge und der Stoffmenge) läßt sich die atomare Masse m_u in Gramm oder Kilogramm umrechnen:

$$m_u = \frac{1}{12} \cdot \frac{12 \text{ g} \cdot \text{mol}^{-1}}{6,022 \cdot 10^{23} \text{ mol}^{-1}} = 1,660 \cdot 10^{-24} \text{ g} = 1 \text{ u} \tag{4.1}$$

oder auch

$$1 \text{ u} = 1,660 \cdot 10^{-27} \text{ kg.} \tag{4.1a}$$

Masse und Energie sind äquivalent. Mit der Lichtgeschwindigkeit

$$c = 2,9979 \cdot 10^{8} \text{ m} \cdot \text{s}^{-1} \tag{4.2}$$

bekommt man: 1 atomare Masseneinheit (1 u) entspricht

$$E_u = 1,660 \cdot 10^{-27} \cdot (2,9979 \cdot 10^{8})^2 \text{ J} = 1,492 \cdot 10^{-10} \text{ J .} \tag{4.3}$$

Mit 1 eV = $1,602 \cdot 10^{-19}$ J hat man die oft gebrauchte Äquivalenz:

$$1 \text{ u} \; \hat{=} \; E_u = 931,5 \text{ MeV .} \tag{4.4}$$

In den genannten Einheiten hat man

a) Ruhemasse des Protons
$$m_p = 1,67239 \cdot 10^{-27} \text{ kg} = 1,0078252 \text{ u}$$
entsprechend
$$E_p = 938,767 \text{ MeV}$$

b) Ruhemasse des Neutrons
$$m_n = 1,67470 \cdot 10^{-27} \text{ kg} = 1,0086654 \text{ u}$$
entsprechend
$$E_n = 939,550 \text{ MeV}$$

Das Neutron ist etwas schwerer als das Proton, die Massendifferenz entspricht einer Energie von 0,783 MeV, die bei entsprechenden Kernumwandlungen freigesetzt wird.

Die Ladung des Protons beträgt eine Elementarladung, also

$$e_p = 1,60210 \cdot 10^{-19} \text{ C .}$$

Die Ladung des Neutrons ist, wie in seinem Namen zum Ausdruck kommt, gleich Null.

Die physikalischen Daten der Hüllenelektronen sind:

$$\text{Ruhemasse:} \qquad m_e = 0,9109 \cdot 10^{-31} \text{ kg} = 0,0005486 \text{ u}$$
$$\text{Ruheenergie:} \qquad E_e = 0,5110 \text{ MeV}$$
$$\text{Ladung:} \qquad e_e = -1,60210 \cdot 10^{-19} \text{ C}$$

Die Elektronenhülle bestimmt das chemische Verhalten eines Atoms. Im elektrisch neutralen Atom ist die Zahl der Hüllenelektronen gleich der Zahl der Protonen im Kern. Man nennt diese Zahl die Ordnungszahl Z, weil sie die Stellung des Elementes im periodischen System festlegt. Sie läßt sich u.a. durch die Untersuchung der von dem Element ausgesandten charakteristischen Röntgenstrahlung (Abschn. 5.2) ermitteln.

Die Gesamtzahl der Nukleonen (Protonen und Neutronen) im Kern wird durch die Nukleonenzahl A angegeben. Sie läßt sich in Massenspektrometern experimentell ermitteln. Da die Massen von Proton wie auch Neutron recht genau 1 atomare Masseneinheit betragen, gibt der Zahlenwert von A auch die (genäherte) Masse des Kerns in der atomaren Masseneinheit an. Man bezeichnet deshalb diesen Wert auch als Massenzahl.

Die Zahl der Neutronen N im Kern, deren Kenntnis für eine genauere Beschreibung der Kerneigenschaften notwendig ist, folgt aus der Nukleonenzahl A und der Ordnungszahl Z:

$$N = A - Z \, . \tag{4.5}$$

Zur vollständigen Charakterisierung eines Kernes wird der Name angegeben (chemisches Kurzzeichen), die Ordnungszahl Z und die Nukleonen- (Massen-) Zahl A. Man schreibt

$$_{Z}^{A}X \, , \quad \text{also z.B.} \quad _{6}^{12}C, \ _{6}^{14}C, \ _{11}^{22}Na, \ \text{usw.}$$

Da die Ordnungszahl Z durch das chemische Symbol bereits angegeben ist, wird sie häufig fortgelassen. Man schreibt vereinfachend

$$^{12}C, \ ^{14}C, \ ^{22}Na, \ \text{usw.}$$

Gelegentlich wird die Massenzahl dem chemischen Symbol nachgesetzt:

$$C\ 12,\quad C\ 14,\quad Na\ 22\qquad oder\qquad C\text{-}12,\quad C\text{-}14,\quad Na\text{-}22$$

Wie bereits gesagt, hat der Atomkern einen Durchmesser von größenordnungsmäßig 10^{-15} m. Dagegen hat das Atom (unter Einschluß der Elektronenhülle) einen Durchmesser von der Größenordnung 10^{-10} m. Überträgt man die Relationen auf makroskopische Dimensionen, so hätte bei einem Kerndurchmesser von 1 cm das Atom (die Hülle) einen Durchmesser von etwa 1 km! Das Atom ist also ein "fast" leeres Gebilde.

4.2 Der radioaktive Zerfall

Nicht alle bekannten Nuklide (Atomkerne) sind stabil. Atome heißen radioaktiv, wenn sie durch eine Umwandlung der Kerne (radioaktiver Zerfall) spontan Energie abgeben (Strahlungsenergie, kinetische Energie emittierter Teilchen) und in andere Nuklide übergehen. Trägt man die bekannten Atomkerne in einem N-Z-Diagramm auf (Fig. 4.1; Abszisse Z, Zahl der Protonen = Ordnungszahl; Ordinate N, Zahl der Neutronen), dann folgen die stabilen Kerne einer leicht nach oben gekrümmten Kurve, die für leichte Kerne mit der Geraden N = Z (Zahl der Protonen gleich Zahl der Neutronen) zusammenfällt. Mit wachsender Ordnungszahl zeigen die stabilen Kerne einen zunehmenden Neutronenüberschuß.

Es sind derzeit etwa 1900 verschiedene Nuklide bekannt, die in dem schraffiert gezeichneten Bereich der Fig. 4.1 liegen. Jedoch kommen von ihnen nur 274 Nuklide stabil in der Natur vor (Punkte in der Fig. 4.1). Die weitaus größere Zahl der bekannten Nuklide wandelt sich durch radioaktiven Zerfall so um, daß sie in den schmalen Stabilitätsbereich rücken, der sich um die leicht nach oben gekrümmte Kurve gruppiert.

Durch Pfeile sind in der Fig. 4.1 die Richtungen markiert, längs derer sich die zerfallenden Nuklide in dem N-Z-Diagramm verschieben. Die wichtigsten Prozesse sind:

a) β^{-}-Zerfall bei Nukliden oberhalb des Stabilitätsbereiches (zu viele Neutronen),

b) β^{+}-Zerfall und Elektroneneinfang (EC) bei Nukliden unterhalb des Stabilitätsbereiches (zu wenige Neutronen),

c) α-Zerfall bei Nukliden mit Z > 83 (Vgl. hierzu die Fig. 4.8, die natürlichen Zerfallsreihen).

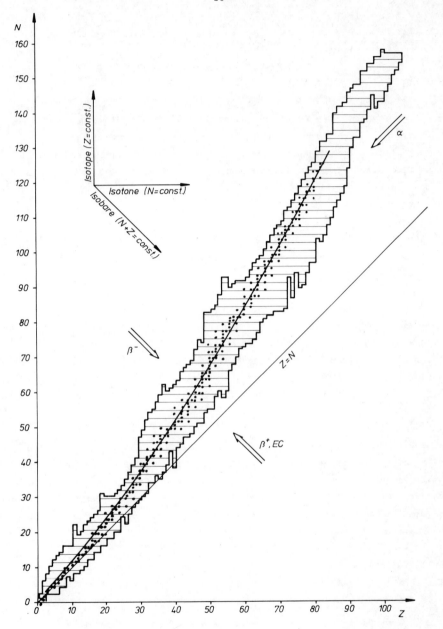

Fig. 4.1 N-Z-Diagramm der bekannten Nuklide. Die Doppelpfeile markieren die Verschiebungen der Kerne bei den verschiedenen radioaktiven Zerfällen.
Z: Zahl der Protonen im Kern (Ordnungszahl); N: Zahl der Neutronen im Kern; Punkte: Stabile Kerne; Schraffiert: Bereich der bislang nachgewiesenen Kerne.

Bezeichnungen:

a) Isotope: Nuklide mit gleicher Kernladungszahl,

$Z = \text{const},$

Beispiel: $^{24}_{12}Mg$, $^{25}_{12}Mg$, $^{26}_{12}Mg$,

b) Isobare: Nuklide mit gleicher Massenzahl (Nukleonenzahl),

$A = Z + N = \text{const},$

Beispiel: $^{14}_{8}O$, $^{14}_{7}N$, $^{14}_{6}C$,

c) Isotone: Nuklide mit gleicher Neutronenzahl,

$N = A - Z = \text{const},$

Beispiel: $^{18}_{8}O$, $^{19}_{9}F$, $^{20}_{10}Ne$,

d) Isomere: Nuklide mit gleicher Kernladungszahl Z und gleicher Massenzahl A, der isomere Kern befindet sich jedoch in einem angeregten, metastabilen Zustand, in dem er während einer "meßbaren" Lebensdauer verbleibt,

e) Radionuklid: Allgemein wird eine radioaktive Atomart als "Radionuklid" bezeichnet. Der Ausdruck "Radioisotop" wird gebraucht, wenn neben der Radioaktivität die Zugehörigkeit zu einem bestimmten chemischen Element von Bedeutung ist (gleiches chemisches Verhalten). Ein Radionuklid sollte nicht allgemein Isotop genannt werden, da der Begriff Isotop mit der Radioaktivität nicht unmittelbar zusammenhängt.

Der radioaktive Zerfall ist wegen des Energiesatzes nur dann möglich, wenn der Ausgangskern (Mutterkern) einen höheren Energieinhalt besitzt als der entstehende Kern (Tochterkern). Die bei der Umwandlung frei werdende Energie muß nicht ausschließlich als Wellen- oder Korpuskularstrahlung (γ-Strahlung, Elektronen, Positronen, α-Teilchen) nach außen hin in Erscheinung treten. In der Energiebilanz ist das Gesamtsystem einzubeziehen, d.h. auch die bei Mutter- und Tochterkern verschiedenen Bindungsenergien der Nukleonen im Kern (vgl. Fig. 4.2), der Elektronen in der Hülle und die bei der Emission eines Teilchens auf den Kern übertragene Rückstoßenergie. Bildlich werden radioaktive Zerfälle durch Zerfallsschemata in einem Energiediagramm dargestellt, in dem durch waagerechte Geraden die den Massen von Mutter- und Tochterkern entsprechenden Energien dargestellt werden. Dabei bezieht man sich auf den Grundzustand des Tochterkerns mit der Energie Null. Schräge und senkrechte Verbindungslinien symbolisieren die emittierten Strahlungen, wobei Art und Häufigkeit (in Prozent der Zerfälle) angegeben werden. Wegen der sehr unterschiedlichen Energiebeträge sind die Darstellungen meist nicht maßstabgerecht.

ß⁻-Zerfall	Z wächst um 1	Pfeil nach rechts unten
ß⁺-Zerfall, Elektroneneinfang	Z nimmt um 1 ab	Pfeil nach links unten
α-Zerfall	Z nimmt um 2 ab	Pfeil nach links unten
γ-Strahlung	Z bleibt konstant	Wellenpfeil senkrecht nach unten
Konversionselektronen	Z bleibt konstant	gerader Pfeil senkrecht nach unten

Tab. 4.2 Symbolik bei der Darstellung radioaktiver Zerfälle in einem Energie-schema.

In den folgenden Beispielen ist mit $t_{1/2}$ die Halbwertszeit des Zerfalls (vgl. Abschn. 4.3) angegeben (Abkürzungen: a für Jahr, d für Tag, h für Stunde, min für Minute, s für Sekunde). Außerdem ist teilweise aus den Massen des Mutter- und Tochterkerns die beim Zerfall freigesetzte Gesamtenergie berechnet. In der Fig. 4.1 ist eingezeichnet, wie die verschiedenen Zerfallsarten die Position des Nuklids im N-Z-Diagramm verändern.

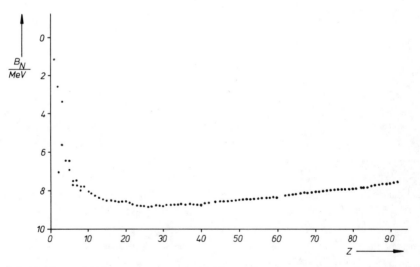

Fig. 4.2 Mittlere Bindungsenergie pro Nukleon B_N der stabilen Atomkerne als Funktion ihrer Ordnungszahl Z.

4.2.1 Bei einem Neutronenüberschuß gegenüber den stabilen Kernen erfolgt ein ß⁻-Zerfall: Ein Neutron wandelt sich in ein Proton um, ein Elektron und ein Antineutrino verlassen den Kern.

$$n \rightarrow p + e^- + \bar{\nu} \ . \tag{4.6}$$

Die Ordnungszahl Z des Kerns vermehrt sich um 1, die Massenzahl A bleibt jedoch erhalten. Als Kerngleichung kann man schreiben

$$(Z, A) \rightarrow (Z+1, A) + e^- + \bar{\nu} \ . \tag{4.6a}$$

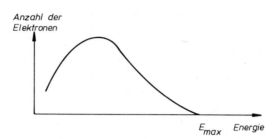

Fig. 4.3
Kinetische Energie der beim ß⁻-Zerfall emittierten Elektronen (schematisch).

Das beim ß⁻-Zerfall emittierte Antineutrino spielt wegen seiner äußerst geringen Wechselwirkung mit der Materie in der Dosimetrie und im Strahlenschutz keine Rolle. In der Energiebilanz darf man es jedoch nicht vernachlässigen, da sich die nach außen abgeführte Energie auf das Elektron und das Antineutrino verteilt. Dies hat zur Folge, daß auf das Elektron jede kinetische Energie zwischen Null und der verfügbaren Maximalenergie E_{max} entfallen kann, je nachdem welche Energie das Antineutrino übernimmt. Die Gesamtheit der Elektronen,

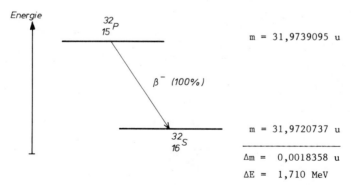

Fig. 4.4 Zerfall von Phosphor-32 in Schwefel-32 (Beispiel für einen reinen ß⁻-Zerfall (Häufigkeit 100%)).

Halbwertszeit $t_{1/2}$ = 14,3 d.
Maximale Energie der ß⁻-Strahlung E_{max} = 1,708 Mev.

die von einem radioaktiven Präparat beim ß⁻-Zerfall emittiert werden, heißt ß⁻-Strahlung. Sie besitzt ein kontinuierliches Energiespektrum, dessen prinzipieller Verlauf in Fig. 4.3 dargestellt ist.

4.2.2 Kerne mit zu wenigen Neutronen können ihren Protonenüberschuß durch den ß⁺-Zerfall vermindern: Ein Proton wird in ein Neutron umgewandelt, ein Positron sowie ein Neutrino verlassen den Kern und führen die gewonnene Energie ab. Da das Neutron eine größere Masse besitzt als das Proton (entsprechend einer Energiedifferenz von $\Delta E = 0,783$ MeV), kann dieser Zerfall nur ablaufen, wenn der Tochterkern gegenüber dem Mutterkern eine Massendifferenz besitzt, deren Energieäquivalent diesen Energiebetrag zu liefern imstande ist.

$$p + \text{(Massenäquivalent von Kernenergie)} \rightarrow n + e^+ + \nu \ . \qquad (4.7)$$

Die Ordnungszahl des Kerns vermindert sich um 1, die Massenzahl bleibt erhalten. Als Kerngleichung kann man schreiben

$$(Z, A) \rightarrow (Z-1, A) + e^+ + \nu \ . \qquad (4.7a)$$

Das emittierte Neutrino spielt wie beim ß⁻-Zerfall das Antineutrino in der Dosimetrie und im Strahlenschutz wegen seiner äußerst geringen Wechselwirkung mit der Materie keine Rolle. Es bewirkt jedoch ein kontinuierliches Energiespektrum der von einem ß⁺-Präparat emittierten Positronen. ß⁻ - und ß⁺-Zerfall entsprechen sich also, nur die Ladung des emittierten Teilchens ist entgegengesetzt.

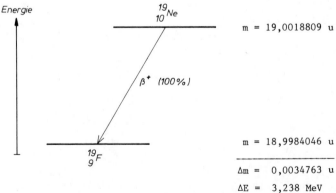

Fig. 4.5 Zerfall von Neon-19 in Fluor-19 (Beispiel für einen reinen ß⁺-Zerfall (Häufigkeit 100%)).

Halbwertzeit $t_{1/2}$ = 17,4 s.
Maximale Energie der ß⁺-Strahlung E_{max} = 2,24 MeV.

4.2.3 Nicht nur durch den β^+-Zerfall kann der instabile Kern seinen Protonenüberschuß vermindern. Er kann auch aus der Elektronenhülle (meist aus der K-Schale) ein Elektron einfangen. Man nennt diesen Prozeß Elektroneneinfang (EC, abgekürzt von englisch: Electron Capture). Mit einem Proton bildet es dann ein Neutron und ein Neutrino. Das Neutrino führt die freigesetzte Energie ab.

$$p + e^- \rightarrow n + \nu \ . \tag{4.8}$$

Wie beim β^+-Zerfall vermindert sich die Ordnungszahl des Mutterkerns um 1, während seine Massenzahl erhalten bleibt:

$$(Z, A) + e^- \rightarrow (Z-1, A) + \nu \ . \tag{4.8a}$$

Der reine Elektroneneinfang mit Übergang in den Grundzustand des Tochterkerns hat nur Neutrino-Strahlung zur Folge. Zur Entstehung von charakteristischer Röntgenstrahlung und von γ-Strahlung vgl. Absch. 4.2.5.

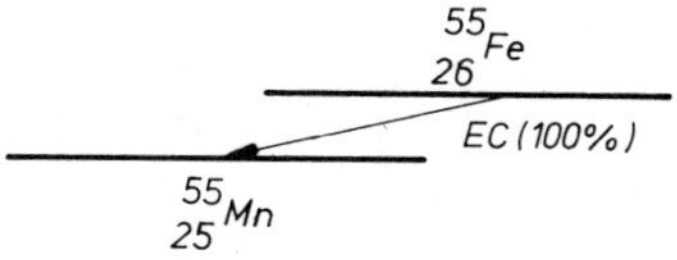

Fig. 4.6
Zerfall von Eisen-55 in Mangan-55 (Beispiel für einen reinen Elektroneneinfang, EC (Häufigkeit 100%)). Halbwertzeit $t_{1/2}$ = 2,6 a.

$$^{55}_{26}Fe$$
$$EC\,(100\%)$$
$$^{55}_{25}Mn$$

4.2.4 Eine Reihe meist schwerer Nuklide zerfällt beim α-Zerfall durch Emission eines α-Teilchens. Das α-Teilchen ist ein doppelt ionisierter Helium-Kern ($^4He^{++}$), es besteht also aus 2 Protonen und 2 Neutronen. Es wird als Ganzes vom Kern emittiert, eine Umwandlung eines Nukleons in andere Elementarteilchen wie beim β-Zerfall erfolgt nicht. Beim α-Zerfall vermindert sich die Kernladungszahl um 2, die Massenzahl um 4:

$$(Z, A) \rightarrow (Z-2, A-4) + \alpha \ . \tag{4.9}$$

Beispiele für den α-Zerfall liefern in großer Zahl die Zerfallsreihen der in der Natur vorkommenden radioaktiven Nuklide (natürliche radioaktive Familien). Das Beispiel für Radium-226 (Fig. 4.7) stammt aus der Uran-Radium-Reihe.

Die Massenzahlen der Elemente in den natürlichen Zerfallsreihen lassen sich als Funktion einer ganzen Zahl n ausdrücken. Man erhält

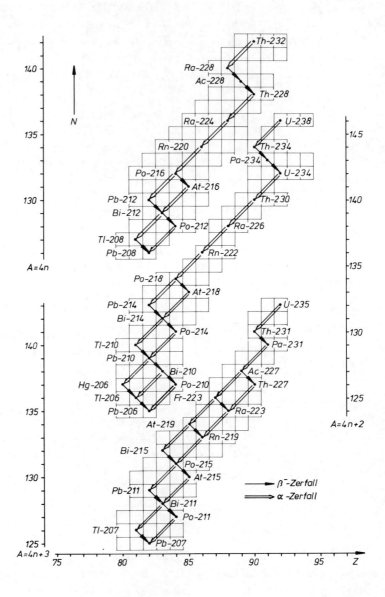

Fig. 4.7 Die natürlichen radioaktiven Zerfallsreihen im N-Z-Diagramm (vgl. Fig. 4.1).

a) Thorium-Reihe,   A = 4·n
b) Uran-Radium-Reihe,   A = 4·n + 2
c) Uran-Actinium-Reihe, A = 4·n + 3

A = 4·n   Thorium-Reihe

     Anfang   Thorium 232   (n = 58)
     Ende   Blei 208   (n = 52)

A = 4·n + 2   Uran-Radium-Reihe

     Anfang   Uran 238   (n = 59)
     Ende   Blei 206   (n = 51)

A = 4·n + 3   Uran-Actinium-Reihe

     Anfang   Uran 235   (n = 58)
     Ende   Blei 207   (n = 51)

Eine vierte Zerfallsreihe mit A = 4·n + 1 kommt als natürliche Zerfallsreihe nicht vor, weil das Anfangsnuklid Neptunium-237 mit einer Halbwertszeit von $2 \cdot 10^6$ Jahren seit Entstehung der Erde in der Natur abgeklungen ist. Es läßt sich jedoch künstlich erzeugen, die Reihe endet mit Wismut-209.

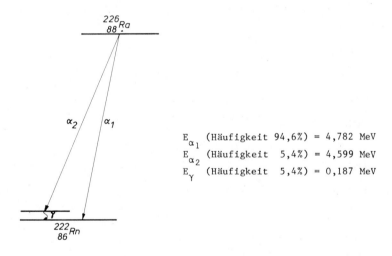

E_{α_1} (Häufigkeit 94,6%) = 4,782 MeV
E_{α_2} (Häufigkeit 5,4%) = 4,599 MeV
E_{γ} (Häufigkeit 5,4%) = 0,187 MeV

Fig. 4.8 Zerfall von Radium-226 in Radon-222 (Beispiel für einen α-Zerfall). Halbwertzeit $t_{1/2}$ = 1602 a.

4.2.5 Beim radioaktiven Zerfall werden nicht nur Teilchen sondern häufig auch elektro-magnetische Strahlung emittiert. Atome befinden sich normalerweise in stationären Zuständen. Diesen entsprechen stationäre Umlaufbahnen (Schalen) der Elektronen. Den Zustand, in dem die Bindungsenergien aller Elektronen ein Minimum besitzt, bezeichnet man als Grundzustand des Atoms. Hierbei muß man beachten, daß die Bindungsenergien E_B negativ gerechnet werden müssen, da eine Arbeit aufgewendet werden muß, um ein Elektron aus dem Atom zu entfernen, so daß dann die Bindungsenergie des betreffenden Elektrons Null ist. Wegen dieses negativen Vorzeichens bedeutet "minimale Bindungsenergie" das gleiche wie "negativ zu rechnender Höchstbetrag der Bindungsenergie".

Durch Energiezufuhr lassen sich einzelne Elektronen auf eine höhere (weiter außen liegende) Schale heben. Man bezeichnet das Atom dann als "angeregt". Bei der Rückkehr der Elektronen in den ursprünglichen (Grund-) Zustand wird diese Energie wieder frei und verläßt das Atom in Form eines Lichtquants (Photons). Die Energie dieser Lichtquanten liegt in der Größenordnung einiger Elektronvolt.

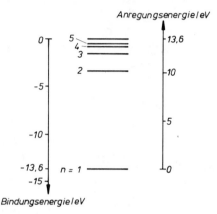

Fig. 4.9 Bindungsenergien der Elektronen in den verschiedenen Schalen für atomaren Wasserstoff. Die Ionisierungsenergie beträgt 13,6 eV.

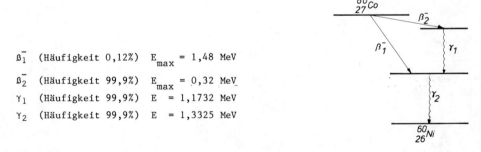

β_1^- (Häufigkeit 0,12%) E_{max} = 1,48 MeV

β_2^- (Häufigkeit 99,9%) E_{max} = 0,32 MeV

γ_1 (Häufigkeit 99,9%) E = 1,1732 MeV

γ_2 (Häufigkeit 99,9%) E = 1,3325 MeV

Fig. 4.10 Zerfall von Kobalt-60 in Nickel-60 (Beispiel für einen β^--Zerfall mit Emission von γ-Strahlung.
Halbwertzeit $t_{1/2}$ = 5,26 a.

Die Verhältnisse im Kern sind ähnlich wie die in der Elektronenschale zu denken: Die Nukleonen (Protonen und Neutronen) nehmen energetisch feste Plätze

ein. Durch Energiezufuhr können die Nukleonen angeregt werden, bei der Rückkehr in den Grundzustand (Energieminimum) wird diese Energie als γ-Quant frei.

Angeregte Zustände werden zum Teil beim radioaktiven Zerfall erreicht (vgl. in
Fig. 4.11 das Term- oder Energieschema von Ni-60, dessen angeregte Niveaus
beim Zerfall von Co-60 und Cu-60 teilweise erreicht werden). Beim radioaktiven
Zerfall von Co-60 führen 99,9% der Zerfälle in das angeregte 2,5057 MeV-Niveau
von Ni-60, das über das 1,3325 MeV-Niveau in den Grundzustand übergeht. Es
entstehen zwei γ-Quanten von 1,1732 MeV und 1,3325 MeV.

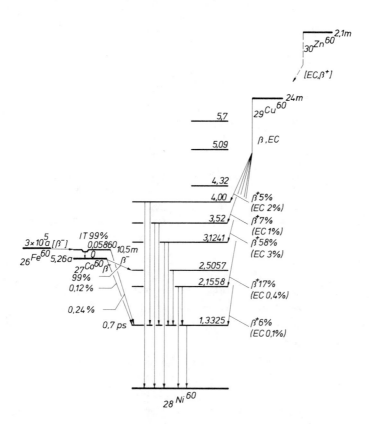

Fig. 4.11 Beispiel für ein Zerfallsschema (vereinfacht nach C. M. Lederer,
J. M. Hollander und I. Perlman: Table of Isotopes, New York 1968).

Angegeben: Zerfallsart mit prozentualer Häufigkeit, Energie der Niveaus (in MeV) mit relativer Häufigkeit des Zerfalls (in %) und Energie der emittierten Quanten. IT: Isomeric Transition, Übergang eines
isomeren Kerns (meist in den Grundzustand).

Beim ß⁻-Zerfall von Co-60 können aus energetischen Gründen nur die beiden untersten angeregten Niveaus von Ni-60 erreicht werden. Das Nuklid Cu-60 erreicht durch ß⁺-Zerfall oder durch Elektroneneinfang ebenfalls Ni-60. Es stellt aber dem Tochterkern erheblich mehr Energie zur Verfügung, so daß weitere angeregte Niveaus bei der Rückkehr in den Grundzustand durch Emission von γ-Quanten in Erscheinung treten: Das γ-Linienspektrum ist besonders vielfältig.

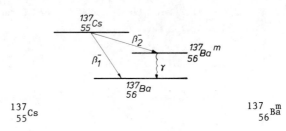

$^{137}_{55}Cs$ $^{137}_{56}Ba^m$

ß⁻₁ (Häufigkeit 6,5%) E_{max} = 1,18 MeV E_γ = 0,66 MeV

ß⁻₂ (Häufigkeit 93,5%) E_{max} = 0,51 MeV

Halbwertzeit $t_{1/2}$ = 30,0 a   Halbwertzeit $t_{1/2}$ = 2,55 min

Fig. 4.12 Zerfall von Cäsium-137 in Barium-137 (Beispiel für einen ß⁻-Zerfall mit isomerem Übergang (IT)).

Als weiteres Beispiel betrachten wir den ß⁻-Zerfall von Cäsium-137 (Fig. 4.12). 3,5% der Zerfälle führen in das angeregte 0,66 MeV-Niveau von Barium-137. Während die angeregten Niveaus von Nickel-60 "spontan", d.h. nach weniger als 10^{-12} s in den Grundzustand übergehen, hat das Ba-137-Niveau eine Halbwertszeit von 2,55 Minuten! Man bezeichnet diesen Zustand als metastabil und kennzeichnet dieses im Zerfallsschema durch ein angefügtes m: $^{137}_{56}Ba^m$. Ba-137^m ist ein isomeres Nuklid zu Ba-137. Der Übergang in den Grundzustand unter Emission eines γ-Quants wird als isomerer Übergang (englisch, IT von Isomeric Transition) bezeichnet.

Das bei dem Übergang in den Grundzustand vom Kern emittierte γ-Quant kann unter Umständen seine Energie auf ein Hüllenelektron übertragen, welches dann das Atom mit der kinetischen Energie $E_{kin} = E_\gamma - E_K$, $E_\gamma - E_L$, ... verläßt, wenn mit E_K, E_L, ... die Bindungsenergien des Elektrons in der K, L, ... - Schale bezeichnet werden. Dieser Prozeß heißt innere Umwandlung oder innere Konversion (englisch, IC von Internal Conversion). Die Konversionselektronen besitzen diskrete Energien. Dies steht im Gegensatz zu den Elektronen des ß-Zerfalls, bei denen bis zu einer Grenzenergie E_{max} alle kinetischen Energien vorkommen, da ja ein Teil der Energie auf das Antineutrino bzw. das Neutrino entfällt. Bezeichnet man mit N_γ die Anzahl der pro Zeiteinheit emittierten γ-Quanten und entsprechend mit N_e die der Konversionselektronen, so heißt der Bruch

$$\alpha = N_e/N_\gamma \qquad (4.10)$$

Konversionskoeffizient. Er ist das Verhältnis von in gleichen Zeiten emittierten γ-Quanten und emittierten Elektronen und wird - soweit möglich - getrennt für die Elektronen in den verschiedenen Schalen angegeben (α_K, α_L, ...).

Das beim β^+-Zerfall entstehende Positron (das Antiteilchen zum Elektron) wird in der umgebenden Materie abgebremst. Wenn es praktisch zur Ruhe gekommen ist, vereinigt es sich mit irgend einem Elektron, beide verschwinden, sie vernichten sich gegenseitig. Für diesen Prozeß bringt das Positron eine seiner Ruhemasse äquivalente Energie von 0,511 MeV mit, die gleiche Energie stellt das Elektron zur Verfügung. Diese Gesamtenergie von 1,022 MeV wird in elektromagnetische Energie umgewandelt. Da Positron wie auch Elektron bei der Vereinigung praktisch keine Geschwindigkeit, also auch keinen Impuls $p = m \cdot v$ haben, ist der Gesamtimpuls des Ausgangssystems praktisch Null. Der Impulserhaltungssatz verlangt, daß nach der Umwandlung der Gesamtimpuls auch Null ist. Aus diesem Grunde entstehen zwei γ-Quanten mit gleicher Energie (0,511 MeV), die in entgegengesetzte Richtung auseinanderfliegen. Diese elektro-magnetische Strahlung heißt <u>Vernichtungsstrahlung</u>. Als Reaktionsgleichung können wir schreiben

$$e^+ + e^- \rightarrow 2\,\gamma \qquad (E_\gamma = 0{,}511 \text{ MeV}) \,. \qquad (4.11)$$

Die Fig. 4.13 stellt den Prozeß bildlich dar.

Fig. 4.13
Die Entstehung elektro-magnetischer Strahlung bei der gegenseitigen Vernichtung von Elektron und Positron.

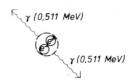

γ (0,511 MeV)

γ (0,511 MeV)

Beim Elektroneneinfang (EC) wie auch bei der inneren Konversion (IC) entstehen in der Elektronenschale Lücken, dem Atom fehlt in irgendeiner Schale (K, L, ...) ein Elektron. Bei der Auffüllung der betreffenden Schale durch ein Elektron von einer äußeren Schale her wird Bindungsenergie frei, die in Form von elektro-magnetischer Strahlung das Atom verläßt. Diese Strahlung hat diskrete Energien, die sich aus den Differenzen der Bindungsenergien in den beiden betroffenen Schalen ergibt, und die für das betreffende Atom charakteristisch ist. Die Strahlung heißt charakteristische Röntgenstrahlung (vgl. Abschn. 5.2).

Die dargestellten Prozesse treten beim radioaktiven Zerfall nur selten isoliert auf. Man beobachtet häufig Verzweigungen, das bedeutet, daß eine Umwandlung auf verschiedenen Wegen ablaufen kann. Hierfür zwei Beispiele (Fig. 4.14 und 4.15):

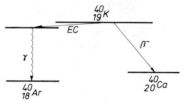

ß⁻-Zerfall   (1. Zweig, Häufigkeit 89%) E_{max} = 1,35 MeV

Elektroneneinfang (EC) (2. Zweig, Häufigkeit 11%) E_γ = 1,46 MeV

Halbwertzeit $t_{1/2}$ = 1,26 · 10^9 a

Fig. 4.14 Zerfall von Kalium-40 in Argon-40 (1. Zweig) und in Calcium-40 (2. Zweig).

Kalium-40 kann durch Elektroneneinfang (Häufigkeit 11%) zerfallen und liefert als Tochternuklid Argon-40. Es kann aber auch durch ß⁻-Zerfall (Häufigkeit 89%) in Calcium-40 übergehen.

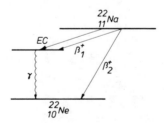

ß⁺-Zerfall   (1. Zweig, Häufigkeit 0,05%) E_{max} = 1,83 MeV

ß⁺-Zerfall   (2. Zweig, (Häufigkeit 90%) E_{max} = 0,545 MeV

                                                    E_γ = 1,275 MeV

Elektroneneinfang (EC) (3. Zweig, Häufigkeit 10%) E_γ = 1,275 MeV

Halbwertzeit $t_{1/2}$ = 2,60 a

Fig. 4.15 Zerfall von Natrium-22 in Neon-22 durch ß⁺-Zerfall (1. und 2. Zweig) und Elektroneneinfang (3. Zweig).

Beim Natrium-22 wird das angeregte Niveau des Tochternuklids Neon-22 bei 90%
der Zerfälle durch ß$^+$-Zerfall erreicht, bei 10% der Zerfälle geschieht dies
durch Elektroneneinfang. Mit verschwindender Häufigkeit wird das Grundniveau
von Ne-22 durch direkten ß$^+$-Zerfall erreicht.

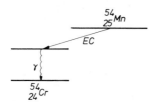

Elektroneneinfang (EC) (Häufigkeit 100%) E_γ = 0,835 MeV

Halbwertszeit $t_{1/2}$ = 303 d

Fig. 4.16 Zerfall von Mangan-54 in Chrom-54 durch Elektroneneinfang.

Während beim Eisen-55 der Elektroneneinfang direkt in den Grundzustand des
Tochternuklids Mangan-55 führt, erreicht man beim Zerfall von Mangan-54 durch
Elektroneneinfang ein angeregtes Niveau des Chrom-54, das durch Emission von
γ-Strahlung in den Grundzustand übergeht. Die durch Elektroneneinfang entstehende Lücke in der Elektronenhülle (vornehmlich in der K-Schale) gibt natürlich in beiden Fällen Anlaß zu charakteristischer Röntgenstrahlung.

Wir wollen zum Abschluß dieses Abschnittes noch zwei Zahlenbeispiele anfügen
und die Zahl der beim radioaktiven Zerfall emittierten Teilchen berechnen.

<u>Beispiel 4.1</u> α-Zerfall von Radium-226 (vgl. Fig. 4.7)

Aktivität $5 \cdot 10^7$ Bq (50 MBq ≈ 1,3 mCi)

α-Zerfall (1. Zweig, Häufigkeit 94,6%): $5 \cdot 10^7 \cdot \frac{94,6}{100}$ Bq = $4,73 \cdot 10^7$ Bq

α-Zerfall (2. Zweig, Häufigkeit 5,4%): $5 \cdot 10^7 \cdot \frac{5,4}{100}$ Bq = $2,70 \cdot 10^6$ Bq

γ-Quanten: Die Häufigkeit N, mit der γ-Quanten erzeugt werden, ist gleich
der Häufigkeit des $α_2$-Zweiges (vgl. Fig. 4.7). Mit dem Konversionskoeffizienten α = 0,22 ist zu berechnen, wieviele γ-Quanten und wieviele Elektronen die Quelle pro Zeiteinheit verlassen. Es ist $N = N_e + N_\gamma$. Mit Gl. 4.10 findet man

$$N_\gamma = \frac{N}{1 + \alpha} \quad \text{und} \quad N_e = \frac{\alpha \cdot N}{1 + \alpha} \, ,$$

also

$$N_\gamma = 2{,}70 \cdot 10^6 \cdot \frac{1}{1 + 0{,}22} = 2{,}21 \cdot 10^6 \text{ Bq}$$

$$N_e = 2{,}70 \cdot 10^6 \cdot \frac{0{,}22}{1 + 0{,}22} = 4{,}87 \cdot 10^5 \text{ Bq}$$

Man erhält pro Sekunde:

$4{,}73 \cdot 10^7$ α-Teilchen mit $E_\alpha = 4{,}782$ MeV

$2{,}70 \cdot 10^6$ α-Teilchen mit $E_\alpha = 4{,}599$ MeV

$4{,}87 \cdot 10^5$ Elektronen mit verschiedenen diskreten Energien

$2{,}21 \cdot 10^6$ γ-Quanten mit $E_\gamma = 0{,}187$ MeV.

__Beipiel 4.2__ β^--Zerfall von Cäsium-137 (vgl. Fig. 4.12)

Aktivität $5 \cdot 10^7$ Bq (50 MBq $\approx$ 1,3 mCi)

β^--Zerfall (1. Zweig, Häufigkeit 6,5%): $5 \cdot 10^7 \cdot \frac{6{,}5}{100}$ Bq $= 3{,}25 \cdot 10^6$ Bq

β^--Zerfall (2. Zweig, Häufigkeit 93,5%): $5 \cdot 10^7 \cdot \frac{93{,}5}{100}$ Bq $= 4{,}68 \cdot 10^7$ Bq

γ-Quanten: Die Häufigkeit N, mit der γ-Quanten erzeugt werden, ist gleich der Häufigkeit des β_2-Zweiges. Mit dem Konversionskoeffizienten $\alpha = 0{,}095$ ergibt sich wie im Beispiel 4.1

$$N_\gamma = \frac{N}{1 + \alpha} = \frac{4{,}68 \cdot 10^7}{1 + 0{,}095} = 4{,}27 \cdot 10^7 \text{ Bq}$$

$$N_e = \frac{\alpha \cdot N}{1 + \alpha} = \frac{0{,}095 \cdot 4{,}68 \cdot 10^7}{1 + 0{,}095} = 4{,}06 \cdot 10^6 \text{ Bq}$$

Man erhält pro Sekunde:

$3{,}25 \cdot 10^6$ Elektronen kontinuierlicher Energie bis $E_{max} = 1{,}176$ MeV

$4{,}68 \cdot 10^7$ Elektronen kontinuierlicher Energie bis $E_{max} = 0{,}514$ MeV

$4{,}06 \cdot 10^6$ Elektronen mit verschiedenen diskreten Energien

$4{,}27 \cdot 10^7$ γ-Quanten mit $E_\gamma = 0{,}662$ MeV

4.3 Das Zeitgesetz für den radioaktiven Zerfall

Die spontanen Kernumwandlungen wie auch die Übergänge eines angeregten Kerns in einen anderen Zustand folgen statistischen Gesetzen. Für einen einzelnen Kern läßt sich lediglich eine Wahrscheinlichkeit angeben, daß er in einem

Zeitintervall Δt seinen Zustand ändert, ein bestimmter Zeitpunkt für die Kernumwandlung läßt sich nicht angeben. Für ein größeres Kollektiv lassen sich
jedoch Gesetze ableiten, die das Verhalten des Kollektivs im Mittel beschreiben, und zwar umso genauer, je größer es ist.

Experimente mit dem radioaktiven Zerfall zeigen, daß die Anzahl der Kernumwandlungen ΔN proportional zu der Anzahl der radioaktiven Mutterkerne N und proportional zu der Beobachtungszeit Δt ist:

$$\Delta N \sim N \cdot \Delta t \; . \qquad (4.12)$$

Durch die Kernumwandlungen wird die Zahl der Mutterkerne verringert. In die
Beziehung muß deshalb ein negatives Vorzeichen eingefügt werden, mit einer
stoffspezifischen Konstanten kann man sie schließlich in eine Gleichung umformen:

$$\Delta N = - \lambda \cdot N \cdot \Delta t \; . \qquad (4.13)$$

λ heißt Zerfallskonstante, ihre Einheit ist die einer reziproken Zeit (s^{-1},
min^{-1}, a^{-1}, usw.). Die Gleichung muß - wegen der zeitlichen Abnahme von N -
auf kleine Zeiträume Δt beschränkt werden, um gültig zu sein. Man schreibt, um
dies anzudeuten,

$$dN = - \lambda \cdot N \cdot dt \; . \qquad (4.14)$$

Die Lösung dieser Differentialgleichung liefert das Zeitgesetz für den radioaktiven Zerfall, das man meist kurz als Zerfallsgesetz bezeichnet. Man hat zunächst

$$\int_0^t \frac{dN}{N} \; = \; - \int_0^t \lambda \cdot dt \qquad (4.15)$$

und daraus durch Integration

$$N(t) = N_o \cdot e^{-\lambda \cdot t} \; . \qquad (4.16)$$

N_o ist die zur Zeit $t = 0$ vorhandene Zahl radioaktiver Mutterkerne, die Zahl
der zur Zeit t vorhandenen Mutterkerne $N(t)$ fällt exponentiell ab. e ist die
Basis der natürlichen Logarithmen (e = 2,7182 ...).

Die Aktivität (oder Präparatstärke) einer radioaktiven Substanz ist der Quotient aus der Zahl der Umwandlungen und dem Zeitintervall, in dem diese Umwandlungen erfolgen. § 40 der "Ausführungsverordnung zum Gesetz über Einheiten im Meßwesen" vom 26. Juni 1970 bestimmt genauer:

(1) Die abgeleitete SI-Einheit der Aktivität einer radioaktiven Substanz ist die reziproke Sekunde (Einheitenzeichen: s^{-1}).

(2) 1 reziproke Sekunde als Einheit der Aktivität einer radioaktiven Substanz ist gleich der Aktivität einer Menge eines radioaktiven Nuklids, in der der Quotient aus dem statistischen Erwartungswert für die Anzahl der Umwandlungen oder isomeren Übergänge und der Zeitspanne, in der diese Umwandlungen oder Übergänge stattfinden, bei abnehmender Zeitspanne dem Grenzwert 1/s zustrebt.

Durch Umformung von Gleichung (4.14) findet man

$$A = - \frac{dN}{dt} = \lambda \cdot N \ .$$
(4.17)

Die Einheit der Aktivität im SI-System, die reziproke Sekunde (s^{-1}), wird mit dem besonderen Namen

$$1 \ Bq \ (Bequerel) = 1 \ s^{-1}$$
(4.18)

bezeichnet. Damit gibt es für die reziproke Sekunde zwei besondere Einheiten: Das "Bequerel (Bq)" für statistisch, das "Hertz (Hz)" für periodisch in der Zeit ablaufende Vorgänge.

Gebräuchlich für die Aktivität ist auch noch die Einheit "Curie (Ci)". 1 Ci ist definiert als die Aktivität von 1 Gramm Radium-226, für die Umrechnung wurde festgesetzt:

$$1 \ Curie \ (Ci) = 37 \ GBq \quad (3,70 \cdot 10^{10} \ \text{Zerfälle durch Sekunde}) \ .$$
(4.19)

Multipliziert man die Gleichung (4.16) auf beiden Seiten mit λ und bedenkt, daß $\lambda \cdot N = A$ ist, so ergibt sich für die Aktivität einer Strahlenquelle das gleiche Zerfallsgesetz wie für die Zahl der Mutterkerne:

$$A(t) = A_o \cdot e^{-\lambda \cdot t} \ .$$
(4.16a)

Für die zahlenmäßige Auswertung eignen sich die Gleichungen (4.16) und (4.16a) in ihrer logarithmierten Form

$$\ln \frac{N(t)}{N_o} = - \lambda \cdot t \quad ; \quad (2,3026...) \cdot \lg \frac{N(t)}{N_o} = - \lambda \cdot t \qquad (4.20)$$

und

$$\ln \frac{A(t)}{A_o} = - \lambda \cdot t \quad ; \quad (2,3026...) \cdot \lg \frac{A(t)}{A_o} = - \lambda \cdot t \, . \qquad (4.20a)$$

Die <u>Halbwertzeit</u> (HWZ) $t_{1/2}$ einer radioaktiven Strahlenquelle ist die Zeit, in der ihre Aktivität auf die Hälfte abgenommen hat, mit anderen Worten die Zeit, in der sich die Zahl der ursprünglich vorhandenen Mutteratome N_o auf $(1/2) \cdot N_o$ vermindert hat. Aus Gleichung (4.16) finden wir

$$N(t_{1/2}) = \frac{1}{2} \cdot N_o \cdot e^{- \lambda \cdot t_{1/2}} \qquad (4.21)$$

$$\frac{1}{2} = e^{- \lambda \cdot t_{1/2}}$$

also

$$\ln \frac{1}{2} = \ln 1 - \ln 2 = - \ln 2 = - \lambda \cdot t_{1/2} \, ,$$

$$t_{1/2} = \ln 2 \cdot \frac{1}{\lambda} \quad ; \quad \lambda = \ln 2 \cdot \frac{1}{t_{1/2}} \, . \qquad (4.22)$$

Diese Beziehung ergibt sich genauso aus (4.16a). Der Zahlenwert für $\ln 2$ beträgt $0,6931...$, oft ist $0,7$ ein ausreichender Näherungswert.

Für Abschätzungen sind folgende Anhaltswerte nützlich. Die Anfangsaktivität A_o klingt ab auf etwa

50%	nach	1 Halbwertzeit
10%	nach	3 Halbwertzeiten
1%	nach	6 Halbwertzeiten
0,1% (1°/oo)	nach	10 Halbwertzeiten

Mit der Halbwertzeit läßt sich das Zerfallsgesetz in eine interessante Form bringen, die vor allem für eine graphische Darstellung des Gesetzes von Nutzen ist. Wir führen in Gleichung (4.16) für die Zerfallskonstante die Halbwertszeit ein und bekommen

$$N(t) = N_o \cdot e^{- \ln 2 \cdot t/t_{1/2}} = N_o \cdot (e^{- \ln 2})^{t/t_{1/2}}$$

Da $e^{-\ln 2} = 1/2$, gewinnt man schließlich für die Zahl der vorhandenen aktiven Atome $N(t)$ - und ganz entsprechend auch für die Aktivität -

$$N(t) = N_o \cdot \frac{1}{2^{t/t_{1/2}}} \quad ; \quad A(t) = A_o \cdot \frac{1}{2^{t/t_{1/2}}} \, . \qquad (4.23)$$

t	$t/t_{1/2}$	$\dfrac{1}{2^{t/t_{1/2}}}$	A(t)	N(t)
0	0	$2^{-0} = 1$	A_o	N_o
$t_{1/2}$	1	$2^{-1} = 1/2$	$A_o/2$	$N_o/2$
$2 \cdot t_{1/2}$	2	$2^{-2} = 1/4$	$A_o/4$	$N_o/4$
$3 \cdot t_{1/2}$	3	$2^{-3} = 1/8$	$A_o/8$	$N_o/8$
$4 \cdot t_{1/2}$	4	$2^{-4} = 1/16$	$A_o/16$	$N_o/16$
$5 \cdot t_{1/2}$	5	$2^{-5} = 1/32$	$A_o/32$	$N_o/32$
$\cdots\cdots$				

Tab. 4.3 Zur Berechnung des Zeitgesetzes für den radioaktiven Zerfall mit Hilfe der Halbwertzeit.

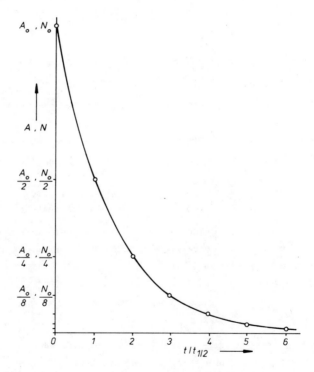

Fig. 4.17 Darstellung des exponentiellen Zeitgesetzes für den radioaktiven Zerfall als Funktion der Halbwertszeit gemäß Gleichung (4.23). Vgl. auch die Werte der Tab. 4.3.

Mit Hilfe dieser Gleichungen gewinnt man leicht die Tab. 4.3. Nach jeweils einer Halbwertzeit ist die Zahl der vorhandenen aktiven Atome bzw. die Aktivität halb so groß wie zu Beginn der Halbwertzeit.

Eine graphische Darstellung der Exponentialfunktion ist mit diesen Werten besonders einfach, wenn man auf der Abszisse die Zeit in Einheiten der Halbwertzeit aufträgt, auf der Ordinate die Zahlenwerte für $N(t)$ oder $A(t)$, die noch nicht einmal berechnet zu werden brauchen, da man die jeweiligen Strecken mit Zirkel und Lineal einfach halbieren kann (Fig. 4.17).

4.4 Aktivitätsdefinitionen

Die spezifische Aktivität a einer Substanz ist der Quotient aus ihrer Aktivität A und ihrer Masse m_N. Bedeuten M die Molmasse und N_A die Avogadrokonstante, bekommt man für ein isotopenreines Radionuklid mit $A = \lambda \cdot N$

$$a = \frac{A}{m_N} = \frac{\lambda \cdot N}{m_N} = \frac{\lambda \cdot m_N \cdot N_A}{m_N \cdot M} \, ,$$

d.h.

$$a = \frac{\lambda \cdot N_A}{M} = \frac{N_A}{M} \cdot \frac{1}{t_{1/2}} \cdot \ln 2 \, . \qquad (4.24)$$

Nuklid	Halbwertszeit	Spezifische Aktivität
U-238	$4,47 \cdot 10^9$ Jahre $= 1,41 \cdot 10^{17}$ s	$1,24 \cdot 10^7$ Bq$\cdot$kg^{-1} $3,36 \cdot 10^{-4}$ Ci$\cdot$kg^{-1}
Ra-226	1600 Jahre $= 5,05 \cdot 10^{10}$ s	$3,66 \cdot 10^{13}$ Bq$\cdot$kg^{-1} $0,99 \cdot 10^3$ Ci$\cdot$kg^{-1}
Cs-137	30,1 Jahre$= 9,49 \cdot 10^8$ s	$3,21 \cdot 10^{15}$ Bq$\cdot$kg^{-1} $8,67 \cdot 10^4$ Ci$\cdot$kg^{-1}
Co-60	5,272 Jahre $= 1,66 \cdot 10^8$ s	$4,19 \cdot 10^{16}$ Bq$\cdot$kg^{-1} $1,13 \cdot 10^6$ Ci$\cdot$kg^{-1}
P-32	14,3 Tage $= 1,24 \cdot 10^6$ s	$1,05 \cdot 10^{19}$ Bq$\cdot$kg^{-1} $2,84 \cdot 10^8$ Ci$\cdot$kg^{-1}

Tab. 4.4 Halbwertzeiten und spezifische Aktivitäten für ausgewählte isotopenreine Radionuklide.
1 Jahr $= 31,536 \cdot 10^6$ Sekunden; 1 Tag $= 8,64 \cdot 10^4$ Sekunden.

Meist liegen radioaktive Substanzen als Isotopengemische vor (Nuklide mit verschiedener Ordnungszahl lassen sich chemisch trennen!). Man bezeichnet in diesen Fällen als spezifische Aktivität a* die Aktivität A bezogen auf die Gesamtmasse m_{ges} des Isotopengemisches:

$$a* = \frac{A}{m_{ges}} \; . \tag{4.25}$$

Das Isotopengemisch habe die molare Masse M, das aktive Nuklid sei darin mit dem Teilchengehalt α_N enthalten. Die Zahl der aktiven Atome ist

$$N_{aktiv} = \alpha_N \cdot N_{ges} \; ,$$

wobei sich die Gesamtzahl der Atome N_{ges} aus der Gesamtmasse m_{ges} ergibt:

$$m_{ges} = N_{ges} \cdot \frac{M}{N_A} \; .$$

Man bekommt also

$$a* = \frac{A}{m_{ges}} = \frac{\lambda \cdot N_{aktiv}}{m_{ges}} = \frac{\lambda \cdot \alpha_N \cdot N_{ges}}{N_{ges} \cdot (M/N_A)}$$

und schließlich

$$a* = \frac{\lambda \cdot \alpha_N \cdot N_A}{M} = \frac{\ln 2}{t_{1/2}} \cdot \frac{\alpha_N \cdot N_A}{M} \; . \tag{4.26}$$

Beispiel 4.3 Spezifische Aktivität von natürlichem Kalium.

Im natürlichen Kalium ist ein radioaktives Isotop, das K-40, enthalten. Seine Halbwertszeit $t_{1/2}$ beträgt $1,28 \cdot 10^9$ Jahre, das sind $4,04 \cdot 10^{16}$ Sekunden. Die molare Masse von natürlichem Kalium beträgt M = 39,1 kg/kmol, der Anteil von K-40 ist α_N = 0,0118% = $1,18 \cdot 10^{-4}$. Also ist die spezifische Aktivität nach Gleichung (4.26)

$$a* = \frac{0,693}{4,04 \cdot 10^{16}} \cdot \frac{1,18 \cdot 10^{-4} \cdot 6,02 \cdot 10^{26}}{39,1} \cdot \frac{kmol^{-1}}{s \cdot kg \cdot kmol^{-1}}$$

oder

$$a* = 31,2 \cdot 10^3 \; Bq \cdot kg^{-1} = 31,2 \; Bq \cdot g^{-1} \; .$$

Mit Worten: 1 Gramm natürliches Kalium liefert durch das darin enthaltene K-40 etwa 31 Zerfälle pro Sekunde. Nach dem Zerfallsschema (vgl. Fig. 4.14) zerfällt K-40 zu 89% durch ß$^-$-Zerfall, zu 11% durch Elektroneneinfang mit nachfolgender Emission eines γ-Quants des angeregten Tochterkerns Ar-40. Dies bedeutet: Bei etwa 27 Zerfällen pro Sekunde liefert 1 Gramm natürliches Kalium ein Elektron mit einer maximalen Energie von 1,35 MeV, bei den anderen 4 Zerfällen ein γ-Quant von 1,46 MeV.

Neben der spezifischen Aktivität wird für radioaktive Flüssigkeiten und Gase die <u>Aktivitätskonzentration</u> angegeben. Sie ist der Quotient aus Aktivität und Volumen:

$$c_A = A/V \ . \qquad\qquad (4.27)$$

Die Einheit der spezifischen Aktivität (Aktivität durch Masse) ist $Bq \cdot kg^{-1}$ ($s^{-1} \cdot kg^{-1}$) mit den bekannten dezimalen Vielfachen und Bruchteilen, daneben $Ci \cdot kg^{-1}$ mit entsprechenden Untereinheiten. Die Einheit der Aktivitätskonzentration (Aktivität durch Volumen) ist $Bq \cdot m^{-3}$ ($s^{-1} \cdot m^{-3}$) mit den bekannten dezimalen Vielfachen und Bruchteilen, daneben $Ci \cdot m^{-3}$ mit entsprechenden Untereinheiten.

<u>Beispiel 4.4</u> Radioaktiver Zerfall von Natrium-22

Aktivität: $\qquad A = 7,0 \cdot 10^7$ Bq (70 MBq $\approx$ 1,9 mCi)

Halbwertzeit: $\qquad t_{1/2} = 2,60$ Jahre $= 8,20 \cdot 10^7$ s;

$$\lambda = 0,693/2,60 \ a^{-1} = 0,266 \ a^{-1} = 8,45 \cdot 10^{-9} \ s^{-1};$$

Zahl der aktiven Atome ($N = A/\lambda$):

$$N = 7,0 \cdot 10^7 \text{ Bq} \ / \ 8,45 \cdot 10^{-9} \ s^{-1} = 8,28 \cdot 10^{15} \text{ Atome} \ .$$

Masse des aktiven Materials ($m = m_{Atom} \cdot N$): Die atomare Masseneinheit (1 u) entspricht einer Masse von $1,66 \cdot 10^{-24}$ g. Na-22 hat (gerundet) eine Masse von 22 atomaren Masseneinheiten. Also

$$m = 22 \cdot 1,66 \cdot 10^{-24} \text{ g} \cdot 8,28 \cdot 10^{15} = 3,02 \cdot 10^{-7} \text{ g} \ .$$

Nach welcher Zeit ist das Präparat auf $3,7 \cdot 10^4$ Bq (1 µCi), d.h. auf den Freigrenzwert nach der Strahlenschutzverordnung, abgeklungen?
Mit Gleichung (4.20a) bekommt man:

$$t = \frac{1}{\lambda} \cdot \lg A_o/A(t) \ .$$

Für das Zahlenbeispiel wird damit

$$t = \frac{1}{0,266} \cdot 2,30 \cdot \lg \frac{7,0 \cdot 10^7}{3,7 \cdot 10^4} \text{ Jahre,}$$

$$t = 8,65 \cdot \lg 1890 \text{ Jahre} = 8,65 \cdot 3,28 \text{ Jahre}$$

$$t = 28,3 \text{ Jahre} \ .$$

5. Röntgenstrahlen

Röntgenstrahlen gehören wie auch γ-Strahlen zu den elektro-magnetischen Wellen (Photonenstrahlen). Die früher übliche Unterscheidung von Röntgenstrahlen und γ-Strahlen nach ihren Quantenenergien (oder hiermit gleichbedeutend nach ihren Wellenlängen) ist heute sinnlos, da sowohl γ-Strahlung mit wenigen keV wie auch Röntgenstrahlung mit mehreren GeV nachgewiesen sind. Man unterscheidet Röntgen- und γ-Strahlen sinnvoller nach ihrem Entstehungsort.

γ-Strahlung wird von angeregten Atomkernen beim Übergang in Zustände niedrigerer Energie emittiert (z.B. auch Übergang isomerer Zustände in den Grundzustand). Die Energie der γ-Quanten ist für die Kerne, von denen sie emittiert werden, charakteristisch, wir haben es mit einem diskreten Spektrum (Linienspektrum) zu tun.

Röntgenstrahlen entstehen in der Hülle des Atomkernes. Wir unterscheiden zwei Arten:

> 1) Röntgenbremstrahlung,
> 2) charakteristische Röntgenstrahlung.

5.1 Röntgenbremsstrahlung

5.1.1 Entstehung: Die Röntgenbremsstrahlung entsteht durch die Abbremsung geladener Teilchen im elektrischen Coulombfeld der Atomkerne. Jedoch führt nur die Abbremsung von Elektronen zu einer nennenswerten Ausbeute an Röntgenstrahlen, so daß praktisch nur diese in Röntgenanlagen verwendet werden.

Elektronen, die mit der kinetischen Energie E_{kin} das Feld eines Atomkernes passieren, werden durch die Coulombsche Anziehungskraft abgelenkt: Sie umfliegen den Kern - wenn man einen anschaulichen Vergleich benutzen will - wie Kometen die Sonne. Dazu müssen sie senkrecht zu ihrer Geschwindigkeitsrichtung beschleunigt werden, wobei eine Arbeit zu leisten ist (Fig. 5.1). Diese wird der kinetischen Energie des Elektrons entzogen. Sie findet sich wieder in der Energie eines Strahlungsquants (Photon), das hierbei emittiert wird: Ist die kinetische Energie des Elektrons vor der Abbremsung E_{kin}, danach E'_{kin}, so folgt für die Energie des Röntgenquants nach dem Energieerhaltungssatz

$$E_{R\ddot{o}} = h \cdot \nu = E_{kin} - E'_{kin} \cdot \qquad (5.1)$$

Der Energieverlust des Elektrons ist davon abhängig, in welchem Abstand es (zufällig) an einem Atomkern vorbeifliegt.

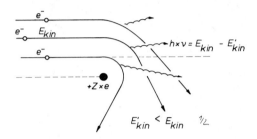

Fig. 5.1 Zur Entstehung elektro-magnetischer Strahlung bei der Abbremsung von Elektronen im elektrischen Feld eines Atomkerns: Die zur Beschleunigung des Elektrons senkrecht zu seiner ursprünglichen Flugrichtung erforderliche Energie führt zu einer Verminderung seiner kinetischen Energie von E_{kin} auf E'_{kin} und zur Emission eines Strahlungsquants mit der Energie $h\cdot\nu$.

5.1.2 Intensitätsspektren: Beim Beschuß eines abbremsenden Materials mit einem Elektronenstrom werden statistisch große und kleine Abstände gleichermaßen vorkommen, so daß für die Energien der entstehenden Röntgenquanten $E_{R\ddot{o}}$ alle Werte möglich sind. Jedoch gibt es eine obere Grenzenergie E_g, bei der nämlich das Elektron vollständig abgebremst wird: Mehr als die kinetische Energie E_{kin} des auftreffenden Elektrons steht der Photonenproduktion nicht zur Verfügung. Das Energiespektrum der entstehenden Strahlung ist kontinuierlich, für eine dünne abbremsende Folie ergibt sich schematisch Fig. 5.2:

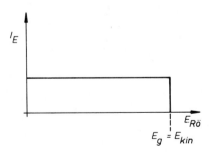

Fig. 5.2 Spezifische Intensität der bei der Abbremsung von Elektronen in einer dünnen Folie entstehenden Röntgenbremsstrahlung. E_g ist die Grenzenergie der entstehenden Quanten, sie ist gleich der kinetischen Energie E_{kin} der auftreffenden Elektronen.

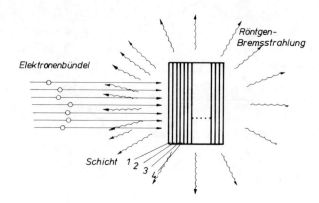

Fig. 5.3 Zur Entstehung des Intensitätsspektrum der Röntgen-Bremsstahlung in einem Material, dessen Dicke groß gegen die Reichweite der Elektronen in ihm ist.

Ist die abbremsende Schicht dick, so ergibt sich das Intensitätsspektrum der emittierten Röntgenbremsstrahlung aus dem der dünnen Folie durch folgende Überlegung (vgl. Fig. 5.3):

Wir denken uns das Bremsmaterial in dünne Schichten zerlegt. Die Elektronen treffen mit der Energie E_{kin} auf die erste dünne Schicht und liefern ein Intensitätsspektrum entsprechend Fig. 5.2. In die zweite Schicht treten die Elektronen mit verminderter Energie ein, nämlich mit E_{kin} minus Energieverlust in Schicht 1. In der zweiten Schicht entsteht ein ähnliches Intensitätsspektrum wie in Schicht 1, nur die Grenzenergie ist vermindert, weil nämlich die Elektronen, die in der ersten Schicht ihre volle Energie E_g abgegeben haben, die folgende zweite Schicht gar nicht erreichen können. So fortfahrend erhält man durch Überlagerung der Spektren der einzelnen Teilschichten das Gesamtspektrum eines dicken, massiven Bremsmaterials. Das resultierende Gesamtspektrum läßt sich durch einen einfachen linearen Zusammenhang beschreiben:

$$I_E \cdot \Delta E = a \cdot (E_g - E) \cdot \Delta E, \qquad (5.2)$$

wobei in den Wert der Konstanten a neben der kinetischen Energie der Elektronen und dem Elektronenstrom auch die Ordnungszahl des abbremsenden Materials eingeht.

Die in den Fig. 5.2 und 5.4 auf das Energieintervall ΔE bezogene Intensität bedeutet ausführlich geschrieben

$$I_E = \frac{I(E_1) - I(E_2)}{E_1 - E_2} = \frac{\Delta I}{\Delta E} , \qquad (5.3)$$

mit Worten: $I_E \cdot \Delta E$ ist die von der Stahlenquelle in dem Energieintervall $\Delta E = E_1 - E_2$ emittierte Intensität ΔI.

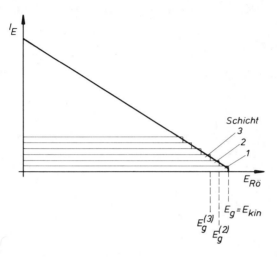

Fig. 5.4 Überlagerung der Intensitätsspektren dünner Teilschichten zum Intensitätsspektrum eines dicken Bremsmaterials.

Im Röntgenbremsspektrum haben die Quanten bis zu einer Grenzenergie E_g alle möglichen Energien. Wir bezeichnen das Spektrum als kontinuierlich. Moderne Detektoren, die Photonen nach Zahl und Energie nachzuweisen gestatten (vgl. Abschn. 7.3.4, 7.3.5 und 7.3.6), machen eine direkte Messung des Intensitätsspektrums als Funktion der Photonenenergie möglich. Der Nachweis von Röntgenstrahlen mit der Ionisationskammer setzt die Verwendung eines Beugungsgitters voraus, wenn spektrale Verteilungen ermittelt werden sollen. Dazu dienen in der Regel Kristalle, die die Röntgenstrahlung nach ihrer Wellenlänge zerlegen. Die resultierenden Spektren zeigen einen gegenüber Fig. 5.4 völlig anderen Verlauf (Fig. 5.5), der sich jedoch leicht aus der Gleichung (5.2) herleiten läßt.

Die Energie der Quanten ist $E = h \cdot \nu = (h \cdot c)/\lambda$. Damit entspricht der oberen Grenzenergie E_g die minimale Wellenlänge

$$\lambda_{min} = (h \cdot c)/E_g . \qquad (5.4)$$

Die Umrechnung des Energieintervalles ΔE in das zugehörige Wellenlängenintervall $\Delta\lambda$ ergibt mit den Regeln der Differentialrechnung

$$\Delta E = - h \cdot c \cdot 1/\lambda^2 \cdot \Delta\lambda \ .$$

Durch Einsetzen in Gl. (5.2) erhält man

$$I_E \Delta E = a \cdot (\frac{h \cdot c}{\lambda_{min}} - \frac{h \cdot c}{\lambda}) \cdot (- \frac{h \cdot c}{\lambda^2}) \cdot \Delta\lambda = I_\lambda \Delta\lambda \ ,$$

oder mit einer neuen Konstanten a*

$$I_\lambda \Delta\lambda = a* \cdot \frac{1}{\lambda^2} \cdot (\frac{1}{\lambda} - \frac{1}{\lambda_{min}}) \Delta\lambda \ . \tag{5.5}$$

Aus $dI/d\lambda = 0$ läßt sich die Wellenlänge λ_{max} ermitteln, bei der die Intensitätsverteilung ihr Maximum hat. Man findet

$$\lambda_{max} = \frac{3}{2} \cdot \lambda_{min} = \frac{3}{2} \cdot \frac{h \cdot c}{E_g} \ . \tag{5.6}$$

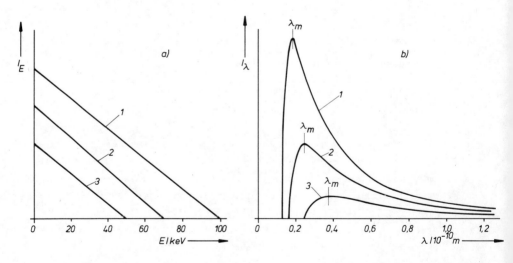

Fig. 5.5 Darstellung der Intensitätsverteilung in einem Röntgenbremsstrahlungs-Spektrum
a) als Funktion der Energie,   b) als Funktion der Wellenlänge
für verschiedene kinetische Energien der erzeugenden Elektronen.

λ_m: Maximale Intensität in der Wellenlängendarstellung nach Gl. (5.6).

1) $U_A = 100$ kV,   2) $U_A = 75$ kV,   3) $U_A = 50$ kV.

Intensitätsspektren können als Funktion der Energie, wie auch als Funktion der Wellenlänge betrachtet werden. Da für die Wechselwirkung von Röntgenstrahlen mit Materie vornehmlich die atomaren Prozesse verantwortlich sind, bei denen vor allem der Energieerhaltungssatz eine herausragende Rolle spielt, geben wir der Energiedarstellung den Vorzug.

5.1.3 Wirkungsgrad bei der Erzeugung von Röntgenbremsstrahlung: Zur Erzeugung der Röntgenstrahlung wird in der Röhre eine elektrische Leistung P aufgewendet, die sich - wenn wir von der Heizleistung in der Kathode zur Freisetzung der Elektronen absehen - aus dem Produkt aus Elektronenstrom i_E und der Beschleunigungsspannung U_A ergibt

$$P = i_E \cdot U_A . \qquad (5.7)$$

Diese elektrische Leistung wird nur zu einem geringen Teil in Röntgenstrahlung umgesetzt. Der weitaus größere Teil geht in Form von Wärme verloren (Anodenverlustleistung). Um die Abhängigkeit der erzeugten Röntgenbremsstrahlung von den Betriebsdaten der Röntgenröhre zu finden, gehen wir von der Intensitätsverteilung eines dicken Auffängers aus (vgl. Fig. 5.4 und Gl. (5.2)):

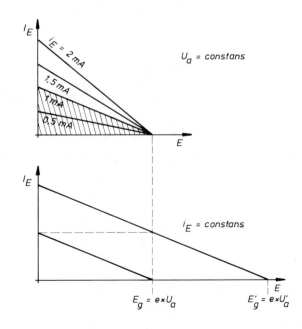

Fig. 5.6
Intensitätsspektrum einer Röntgenröhre bei konstanter Anodenspannung U_A für verschiedene Elektronenströme.

Fig. 5.7
Intensitätsspektrum einer Röntgenröhre bei konstantem Elektronenstrom i_E für verschiedene Anodenspannungen.

Die Dreiecksfläche unter der Intensitätsverteilung (in der Fig. 5.6 als Beispiel für $i_E = 1$ mA schraffiert gezeichnet) ist der Gesamtintensität I_{St}, das ist der Quotient aus Gesamtenergie und (bestrahlte) Fläche·Zeit, proportional. Da der Quotient Gesamtenergie durch Zeit die Gesamtstrahlungsleistung P_{St} darstellt, ist also die genannte Dreiecksfläche auch dieser Strahlungsleistung proportional:

$$P_{St} \sim I_{St} \sim \int_0^{E_g} I_E \cdot dE \, . \tag{5.8}$$

Verändert man bei <u>fester Anodenspannung</u> U_A den Elektronenstrom, so findet man, daß die Ordinatenwerte I_E dem Elektronenstrom i_E proportional sind (doppelt so viele Elektronen produzieren doppelt soviel Strahlung). Ändert man bei <u>festem Elektronenstrom</u> i_E die Anodenspannung, so ändern sich sowohl Abszisse wie Ordinate proportional zu U_A, die Dreiecksfläche also proportional U_A^2 (Fig. 5.7).

In dem gezeichneten Beispiel wurde auch die Intensitätsverteilung für die doppelte Anodenspannung eingetragen, die angedeuteten Teildreiecke zeigen deutlich, daß die Fläche vervierfacht wurde. Die gesamte Strahlungsleistung P_{St} ist also proportional dem Elektronenstrom i_E und proportional dem Quadrat der Anodenspannung U_A. Wir können daher schreiben

$$P_{St} = \text{Konstante} \cdot i_E \cdot U_A^2 \, . \tag{5.9}$$

Neben den Betriebsdaten der Röntgenröhre spielt noch das Anodenmaterial, in dem die Elektronen abgebremst werden, eine Rolle. Je stärker das den Kern umgebende elektrische Coulombfeld ist, umso stärker werden die Elektronen abgelenkt und abgebremst. P_{St} ist daher auch proportional zur Kernladungszahl (Ordnungszahl) Z, durch die ja das Coulombfeld in der Umgebung des Kernes bestimmt wird. Mit einer Konstanten c haben wir also

$$P_{St} = c \cdot Z \cdot i_E \cdot U_A^2 \, , \tag{5.10}$$

wobei der Zahlenwert für c experimentell (unabhängig von der Ordnungszahl Z) zu etwa 10^{-9} Volt^{-1} ermittelt wurde. Die angegebene Formel gilt in Näherung für dicke Auffänger bis zu Anodenspannungen von etwa 1 MeV.

Der Wirkungsgrad oder Nutzeffekt η der Röntgenröhre ist das Verhältnis von Strahlungsleistung P_{St} und elektrischer Leistung P. Man bekommt

$$\eta = \frac{P_{St}}{P} = \frac{c \cdot Z \cdot i_E \cdot U_A^2}{i_E \cdot U_A}$$

und damit für den Wirkungsgrad

$$\eta = c \cdot Z \cdot U_A \,. \qquad\qquad (5.11)$$

Beispiel 5.1 Wirkungsgrad einer Röntgen-Diagnostik-Röhre mit Wolfram-Anode

Ordnungszahl von Wolfram (Z = 74),
Elektronenstrom i_E = 10 mA = 10^{-2} A,
Anodenspannung U_A = 50 kV = $5 \cdot 10^4$ V,
Elektrische Leistung P = $10^{-2} \cdot 5 \cdot 10^4$ W = 500 W,
Strahlungsleistung P_{St} = $10^{-9} \cdot 74 \cdot 10^{-2} \cdot (5 \cdot 10^4)^2$ W = 2 W,
Wirkungsgrad η = 2/500 = 0,4%.

Die angegebenen Beziehungen gelten, wie bereits angedeutet, für den Bereich der Diagnostik- und Therapieröhren. Bei Anodenspannungen über 15 Megavolt käme nach Gl. (5.11) für die Produktion von Röntgenbremsstrahlung ein Wirkungsgrad η von mehr als 1 heraus, was wegen des Energiesatzes natürlich nicht möglich ist. Bei so hohen Beschleunigungsspannungen, wie sie bei Linear- und Kreisbeschleunigern auftreten, ist der Wirkungsgrad zwar sehr hoch (20% und darüber), aber deutlich unter Eins.

Neben der Bremsstrahlung wird in einer Röntgenröhre auch charakteristische Strahlung erzeugt, sofern die kinetische Energie der Elektronen größer ist als die Bindungsenergie der betreffenden Schale, in der ionisiert wird. Einfache Formeln zur Strahlungsleistung charakteristischer Röntgenstrahlung lassen sich nicht angeben. Für Abschätzungen bei Strahlenschutzfragen kann man jedoch davon ausgehen, daß der Beitrag charakteristischer Strahlungsleistung gleich groß ist wie der der Bremsstrahlungsleistung, d.h. man hat in diesem Sinne die nach Gl. (5.13) errechneten Werte zu verdoppeln.

5.2 Charakteristische Röntgenstrahlung

Elektronen werden nicht nur im Coulombfeld des Kernes abgebremst, sie können auch durch unmittelbare Wechselwirkung mit den Hüllenelektronen diesen durch Stoß soviel Energie übertragen, daß die Bindungsenergie des Hüllenelektrons

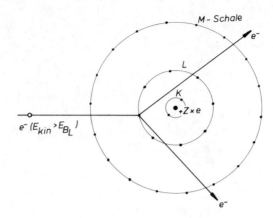

Fig. 5.8 Ionisierung eines Atoms in einer inneren Schale (hier L-Schale) durch Elektronenstoß.

überschritten wird und dieses das Atom verläßt. Das Atom wird dadurch in einer inneren Schale ionisiert, vorausgesetzt natürlich, daß das primäre Elektron eine kinetische Energie mitbringt, die größer als die Bindungsenergie des betroffenen Hüllenelektrons ist (Fig. 5.8). In dieser und den folgenden Figuren ist die Darstellung der Schalenradien nicht maßstabgerecht. Die Radien wachsen nach der Bohrschen Theorie mit n^2 (n = Nummer der Schale).

Durch den Übergang eines äußeren Hüllenelektrons in die Leerstelle wird Energie freigesetzt, da die Bindungsenergie der äußeren Elektronen dem Betrage nach geringer ist als die der inneren. Diese Energie verläßt in Form von elektro-magnetischer Strahlung das Atom. Die Energie der Quanten ist gegeben durch die Differenz der Bindungsenergien E_K, E_L, E_M, ... der Hüllenelektronen in den verschiedenen Schalen (K, L, M, ...):

$$E_{Rö} = h \cdot \nu = E_K - E_L \quad , \tag{5.12}$$
$$= E_K - E_M \, ,$$
$$= E_L - E_M \, , \text{ usw.}$$

Die Energien der Röntgenquanten ergeben sich aus den Differenzen der Bindungsenergien, 'die für die Atome des abbremsenden Materials charakteristisch sind. Daher spricht man bei dieser Art von Röntgenstrahlung von charakteristischer Strahlung, das Spektrum ist ein diskretes Linienspektrum.

Zur graphischen Veranschaulichung der Verhältnisse zeichnet man für die Atome ein Energiediagramm (Termschema). Als Ordinate werden durch horizontale Gera-

den die Bindungsenergien der einzelnen Schalen angegeben. Durch senkrechte
Pfeile werden die möglichen Übergänge aus äußeren Schalen angedeutet (vgl. das
Beispiel für Wolfram in Fig. 5.10).

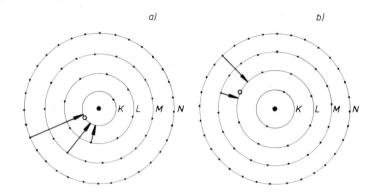

Fig. 5.9 Zur Entstehung der charakteristischen Röntgenstrahlung.
a) Ionisation (Fehlstelle) in der K-Schale (K-Strahlung),
b) Ionisation (Fehlstelle) in der L-Schale (L-Strahlung).

Die Schale, in der sich die Leerstelle befindet, gibt der betreffenden Röntgen-
linie den Namen, ein Index (griechischer Buchstabe) bezeichnet die Herkunft
des auffüllenden Elektrons. Die Energien in den einzelnen Schalen unterscheiden sich für die sie besetzenden verschiedenen Hüllenelektronen z.T. um geringe Beträge. Während die K-Schale ein einheitliches Energieniveau darstellt,
hat die L-Schale deren drei, die M-Schale sogar fünf. Dies führt zu einer
weiteren Differenzierung der Linien, dem griechischen Index-Buchstaben wird
eine arabische Ziffer angefügt.

Wie gesagt, die Energien der Röntgenquanten sind für das Atom, in dem sie
entstehen, charakteristisch: Sie hängen von der Ordnungszahl Z des Atoms ab.
Nach dem von M o s e l e y gefundenen Gesetz gilt z.B. in Näherung für die
K_α-Strahlung

$$E_{K_\alpha} = h \cdot \nu \approx \frac{3}{4} \cdot R* \cdot (Z - 1)^2 \ . \tag{5.13}$$

R* ist eine nach dem Physiker R y d b e r g benannte Konstante, sie beträgt
in den hier verwendeten Einheiten etwa

$$R* = 14 \ eV \ . \tag{5.14}$$

Durch Untersuchung der durch Elektronenstoß angeregten charakteristischen Röntgenstrahlung lassen sich geringste Mengen von einem unbekannten Material qualitativ und quantitativ zerstörungsfrei analytisch bestimmen. Das Moseleysche Gesetz hat auch eine große Rolle bei der richtigen Einordnung der Elemente, vor allem der seltenen Erden, in das periodische System gespielt.

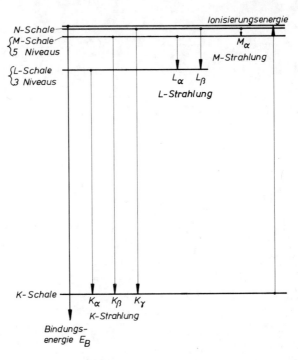

Fig. 5.10 Energieschema für Wolfram (Z = 74). Die vertikalen Pfeile bezeichnen die Elektronenübergänge bei der Entstehung charakteristischer Röntgenstrahlung.

Energien der charakteristischen Röntgenstrahlung:

K_{α_1}	:	59,3 keV	L_{α_1} :	8,40 keV
K_{α_2}	:	58,0 keV	L_{α_2} :	8,33 keV
K_{β_1}	:	67,2 keV	L_{β_1} :	9,67 keV
K_{β_2}	:	69,1 keV	L_{β_2} :	9,96 keV
			L_{γ_1} :	11,28 keV
			M-Strahlung :	Linien um 2,5 keV

Aus der angegebenen Näherung folgt für die K_α-Strahlung von Wolfram
(Z = 74) $E_{K\alpha}$ = 56,0 keV. Ein Vergleich mit dem in Fig. 5.10 angegebenen Wert
zeigt, daß der Näherungswert gut 5% zu klein ist, für Abschätzungen jedoch
hinreichend genau herauskommt.

5.3 Technischer Aufbau von Röntgengeräten

Röntgenstrahlen werden technisch meist in Röntgenröhren erzeugt. Für sehr
harte Strahlung mit Quantenenergien im MeV-Bereich werden Kreis- oder Linearbeschleuniger verwendet. Röntgenröhren erfüllen im wesentlichen die folgenden
Funktionen:

   1) Erzeugung der Elektronen,
   2) Beschleunigung der Elektronen in einem elektrischen Feld auf die
      kinetische Energie E_{kin},
   3) Abbremsung der Elektronen in einem geeigneten Material unter Ent-
      stehung von Röntgenstrahlung.

Die Elektronen werden thermisch erzeugt. Dazu heizt man eine Metallwendel -
meist aus Wolfram - durch elektrischen Strom bis zur Weißglut (ca. 2000 K).
Die in dem Metall vorhandenen freien Elektronen - das sind diejenigen, die
sich im Metallgitter als Leitungselektronen frei bewegen können - gewinnen
dadurch eine erhöhte kinetische Energie, so daß ein Teil von ihnen die Aus-
trittsarbeit leisten kann und die Metallwendel verläßt. Die Zahl der Elektronen, die pro Zeiteinheit die Wendel verlassen, und damit der Emissionsstrom
hängt sehr stark von der Temperatur der Wendel ab, die vom Heizstrom, der sie
durchfließt, bestimmt wird.

Die Beschleunigung der Elektronen erfolgt zwischen zwei Elektroden im Hochvaku-
um. An die Elektroden (Kathode und Anode) wird von einem Generator eine Hochspannung angelegt, die in der Röhre ein elektrisches Feld bewirkt, das die
Elektronen beschleunigt. Sie erhalten eine kinetische Energie von

$$E_{kin} = e \cdot U_a , \qquad (5.15)$$

wobei U_a die an die Elektroden gelegte (Anoden-)Spannung und e die (Elemen-
tar-)Ladung des Elektrons ist (vgl. den Absch. 9.1).

Die Elektronen läßt man auf ein massives Material treffen, in dem sie abgebremst werden. Gebräuchlich sind hierfür Kupfer, Molybdän und Wolfram. Die

Ordnungszahl des abbremsenden Materials bestimmt sowohl die Strahlungszusammensetzung (charakteristische Strahlung!) wie auch die Ausbeute an Röntgenstrahlung. Da in Röntgengeräten nur ein geringer Teil (Prozent) der aufgewendeten elektrischen Gesamtleistung in Röntgenstrahlung umgesetzt wird, der weit größere Teil jedoch in Form von Wärme freigesetzt wird, ist die thermische Beanspruchung der Anode erheblich. Daher werden für sie Materialien mit guter Wärmeleitfähigkeit verwendet (Kupfer), das man an der Oberseite, an der die Elektronen auftreffen, mit einer Scheibe aus z.B. Wolfram bedeckt, das die entstehenden hohen Temperaturen ohne nennenswerte Verdampfung übersteht. Eine weitere Steigerung der Belastbarkeit wird in den sogenannten Drehanodenröhren erreicht, in denen das Anodenmaterial nur sehr kurzzeitig dem Beschuß ausgesetzt wird: Die Anode wird als meist tellerförmige Scheibe ausgebildet, die vor der Belastung in schnelle Rotation (ca. 100 Umdrehungen pro Sekunde) versetzt wird. Das Anodenmaterial in der Brennfleckbahn ist so während einer Umdrehung nur während Sekundenbruchteilen der vollen Belastung ausgesetzt.

Fig. 5.11
Schema eines Transformators
zur Erzeugung von Wechselspannung vorgegebener Amplitude.

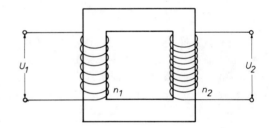

Für den Betrieb einer Röntgenröhre sind geeignete elektrische Spannungen erforderlich, die in der Regel aus der Wechselspannung des Versorgungsnetzes (220 V, 50 Hz oder Drehstrom 380 V, 50 Hz) gewonnen werden. Der Transformator dient dabei zur Umwandlung der Netzspannung in eine passende Versorgungs-Wechselspannung (Fig. 5.11): Ein geschlossener Eisenkern trägt zwei Spulen mit den Windungszahlen n_1 und n_2. Die Sekundärspannung U_2 ergibt sich aus der Primärspannung U_1 zu

$$U_2 = \frac{n_2}{n_1} \cdot U_1 \ . \tag{5.16}$$

Beispiel 5.2 Übersetzungsverhältnis eines Transformators

Für die Beschleunigung der Elektronen soll eine Spannung von etwa 100.000 Volt = 100 kV zur Verfügung stehen. Mit U_1 = 220 V, n_1 = 500 Windungen, n_2 = 250.000 Windungen erhält man nach Gl. 5.16:

$$U_2 = \frac{250.000}{500} \cdot 220 \text{ V} = 110.000 \text{ V} = 110 \text{ kV} .$$

Für die Heizung der Kathodenwendel werden etwa 15 Volt benötigt. Mit $U_1 = 220$ Volt, $n_1 = 500$ Windungen, $n_2 = 35$ Windungen erhält man

$$U_2 = \frac{35}{500} \cdot 220 \text{ V} = 15,4 \text{ V} .$$

Die dem Transformator entnommene Leistung muß selbstredend vom Primärkreis an ihn abgegeben werden (zuzüglich eines gewissen Betrages zur Deckung der unvermeidlichen Transformatorverluste). Die elektrische Leistung P ist gegeben durch das Produkt aus Stromstärke i und Spannung U. Also muß bei Vernachlässigung der Verluste sein

$$P = i_1 \cdot U_1 = i_2 \cdot U_2 .$$

Mit der Gl. 5.16 für die Spannungstransformation folgt nach einfacher Umrechnung

$$i_2 = \frac{n_1}{n_2} \cdot i_1 . \qquad (5.17)$$

Ein Strom von 10 mA auf der Hochspannungsseite bedingt mit den Daten des obigen Beispiels einen Strom im Primärkreis von $i_1 = 5$ A, die umgesetzte Leistung beträgt $P = 220$ V $\cdot$ 5 A $= 1,1$ kW!

Erfolgt die Spannungsabnahme an der Sekundärspule ähnlich wie bei einem Schiebewiderstand mit einem Schleifer, läßt sich die Sekundärspannung in dem durch Primärspannung und Windungszahlenverhältnis vorgegebenen Bereich frei einstellen. Man spricht dann von einem Regel- oder Stelltransformator.

Für den Betrieb einer Röntgenröhre wird zwar nicht unbedingt eine Gleichspannung zur Beschleunigung der Elektronen benötigt, doch hat die Gleichspannung für die Beurteilung der Strahlungszusammensetzung Vorteile. Außerdem entfallen die Strahlungspausen in den Spannungsphasen, in denen an der Anode gegenüber der Kathode eine negative Spannung liegt (bei Wechselspannung mit einer Frequenz von 50 Hz über eine Zeit von jeweils 10 Millisekunden, was zu einer Verlängerung der Belichtungszeit zwingt, verbunden mit der Gefahr größerer Bewegungsunschärfe). Die Gleichspannung wird aus der Wechselspannung am Ausgang des Hochspannungstransformators durch eine Gleichrichterschaltung gewonnen. Wesentlicher Bestandteil der Schaltung sind ein oder mehrere Dioden (Gleichrichter, Ventile), die den Strom nur bei richtiger Polung passieren lassen (Fig. 5.12).

Fig. 5.12 Zur Gleichrichterwirkung von Dioden: Bei richtiger Polung fließt ein Strom i, der Innenwiderstand R_i ist sehr klein. In der Sperrichtung ist der Strom Null, der Innenwiderstand (fast) unendlich.

Als Beispiele für Gleichrichterschaltungen sind die einfache Einweggleichrichtung (Fig. 5.13) und die Zweiweggleichrichtung (Fig. 5.14) dargestellt. In diesen Schaltungen dient der Glättungskondensator C als Ladungsspeicher, der

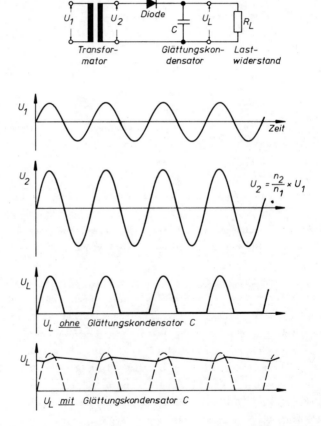

Fig. 5.13 Zur Einweggleichrichtung. Neben der Schaltung sind die Spannungen an den eingezeichneten Punkten als Funktion der Zeit angegeben: U_1 Eingangs-(Netz-)Spannung, U_2 Transformator-Ausgangsspannung, U_L Spannung am Lastwiderstand mit und ohne Kondensatorglättung.

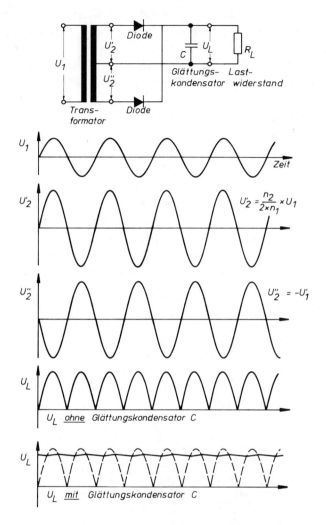

Fig. 5.14 Zur Zweiweggleichrichtung. Neben der Schaltung sind die Spannungen an den eingezeichneten Punkten als Funktion der Zeit angegeben: U_1 Eingangs-(Netz-)Spannung, U_2' und U_2'' Transformator-Ausgangsspannung gegen die Mittelanzapfung, U_L Spannung am Lastwiderstand mit und ohne Kondensatorglättung.

auch in den Intervallen, in denen die Spannung U_2 unter U_L abgesunken ist (Sperrphase der Dioden), Spannung und Strom für den Lastwiderstand R_L, das ist hier die Röntgenröhre, liefert. Je größer der Kondensator gewählt wird, umso besser ist die Glättung der Ausgangsspannung. Je kleiner der Lastwiderstand R_L

gewählt wird, d.h. je größer der entnommene Strom und damit die entnommene elektrische Leistung ist, umso größer werden die Schwankungen der Ausgangsspannung. Bei Hochleistungs-Röntgenröhren mit elektrischen Leistungen im Kilowatt-Bereich werden daher Drehstrom-Gleichrichterschaltungen (3 Phasen, gegeneinander um jeweils 120° (2π/3) verschoben) mit bis zu 12 Gleichrichtern verwendet.

Der technische Aufbau einer Röntgenanlage ist in der Fig. 5.15 schematisch dargestellt. In einen hochevakuierten Glaskolben ragt von der einen Seite eine Wolfram-Heizwendel, die durch einen Heizkreis zur Weißglut erhitzt wird und somit die notwendigen Elektronen liefert. Die Heizwendel ist zur besseren Fokussierung der Elektronen auf der Anode mit einem Metallzylinder, dem sogenannten Wehneltzylinder umgeben. Der Heizstrom läßt sich an einem Regeltransformator RT_1 einstellen, der nachgeschaltete Transformator T_1 dient zur Anpassung des Spannungsbereiches (Heizspannung 10 ... 20 Volt), außerdem zur Isolierung der Hochspannung an der Kathode gegen die Netzversorgung. In die Stirnseite der Anode, die zur besseren Wärmeableitung als massiver Kupferzylinder ausgebildet wird, ist das eigentliche Bremsmaterial, eine Wolframscheibe, eingepreßt.

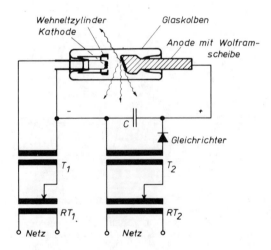

Fig. 5.15 Schema einer Röntgenröhre mit Einweg-Gleichrichterschaltung. T_1 Transformator zur Erzeugung der Kathodenheizspannung mit Regeltransformator RT_1. T_2 Hochspannungstransformator mit Regeltransformator RT_2.

Die erforderliche Hochspannung wird durch den Transformator T_2 erzeugt (gezeichnet Einweggleichrichtung), mit dem vorgeschalteten Regeltransformator RT_2 läßt sie sich einstellen und somit die Strahlungszusammensetzung den Erfordernissen anpassen.

In dem Schema sind alle Sicherungen gegen elektrische Überlastungen, elektrische Verriegelungen gegen versehentliches Einschalten der Anlage, die Zeitsteuerung für eine Belichtungsautomatik usw. fortgelassen. Für den praktischen Betrieb einer Röntgenanlage sind diese Einrichtungen jedoch unerläßlich, man sollte sie in der Gebrauchsanleitung der jeweils benutzten Anlage sorgfältig studieren.

Zur Frage der Erdung in Röntgenanlagen läßt sich folgendes sagen: Zwischen Kathode und Anode muß eine Beschleunigungsspannung für die Elektronen liegen (Anode positiv gegen Kathode). In jeder elektrischen Schaltung läßt sich die Spannung _eines_ Schaltpunktes von außen vorgeben, mit anderen Worten, entweder Kathode oder Anode können "geerdet" werden, d.h. können leitend mit einer definierten Erdleitung (Schutzleiter, Wasserleitung) verbunden werden. Aber auch irgendein anderer Punkt der Schaltung kann für die Erdung gewählt werden.

Beispiel 5.3 Zur Erdung von Röntgengeräten

(Spannung an der Kathode U_K, Spannung an der Anode U_A, Beschleunigungsspannung $U = U_A - U_K$):

1) $U_K = 0$ V; $U_A = +50.000$ V; $U = (50.000 - 0)$ V $= 50.000$ V.
   Die Kathode ist geerdet. Vorteil: Der Transformator T_1 (vgl. Fig. 5.15) braucht nicht gegen die Hochspannung isoliert zu werden.

2) $U_K = -50.000$ V; $U_A = 0$ V; $U = (0 - (-50.000))$ V $= 50.000$ V.
   Die Anode ist geerdet. Vorteil: An die Anode läßt sich zur besseren Wärmeabfuhr problemlos eine Kühleinrichtung (z.B. mit Wasser) anschließen.

3) $U_K = -25.000$ V; $U_A = +25.000$ V; $U = (25.000 - (-25.000))$ V $= 50.000$V.
   Die Erdung erfolgt an der Mittelanzapfung der Sekundärwicklung des Hochspannungstransformators T_2. Gegen das die Röhre umgebende Schutzgehäuse tritt dem Betrage nach an der Kathode und an der Anode nur die halbe Beschleunigungsspannung auf, die Isolationsstrecken können daher kürzer sein, das Gehäuse wird handlicher.

Für den Wehneltzylinder werden vornehmlich zwei Anordnungen benutzt (Fig. 5.16):

    a) Der metallische Wehneltzylinder ist auf einem Glasrohr montiert, ist also gegen die Kathode isoliert. Elektronen, die von der Kathode kommend auf ihn treffen, können nicht abfließen und laden ihn daher negativ auf. Durch die elektrostatische Abstoßung zwischen den Elektronen auf dem Wehneltzylinder und denen des Elektronenstroms wird der Elektronenstrom fokussiert.

    b) Der Wehneltzylinder wird über eine Spannungsquelle (Netzgerät, Batterie) mit der Kathode verbunden. Dadurch erhält der Zylinder eine einstellbare, definierte negative Spannung gegen die Kathode. Diese Art des Betriebes liefert in Verbindung mit einer geeigneten elektronenoptischen Formgebung des Wehneltzylinders die beste Fokussierung des Elektronenstrahles, ist von der Technik her jedoch sehr aufwendig.

Fig. 5.16
Verschiedene Anordnungen des Wehneltzylinders zur Fokussierung des Elektronenstrahls in Röntgenröhren.

a) Isolation zwischen Zylinder und Kathode (Fokussierung durch elektrostatische Abstoßung,
b) Regelbare Spannung U_W zwischen dem elektronenoptisch besonders geformten Zylinder und der Kathode zur Erzeugung besonders kleiner Brennflecken.

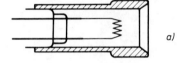

a)

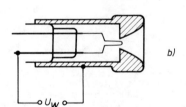

b)

U_W

5.4 Brennfleckgröße und Unschärfe

Der Wehneltzylinder fokussiert die Elektronen, die die Kathode verlassen, auf einen kleinen Bereich der Anode, den Brennfleck. Je kleiner der Brennfleck ist, je kleiner also der Bereich, von dem Röntgenstrahlung ausgeht, um so schärfer werden die gewonnenen Aufnahmen.

Die Röntgenaufnahme ist eine Projektion (Schattenwurf) des Gegenstandes auf den Film. Die Abstände Bildweite b (Röntgenquelle - Film) und Gegenstandsweite g (Röntgenquelle - Objekt) bestimmen die Vergrößerung (Fig. 5.17).

Bezeichnet man mit B die Bildgröße und mit G die Gegenstandsgröße, so folgt für die Vergrößerung V aus dem Strahlensatz

$$V = B/G = b/g \ . \tag{5.18}$$

Nach dieser Beziehung lassen sich bei der Projektion beliebig hohe Vergrößerungen herstellen. Da die Röntgenquelle jedoch nicht punktförmig ist, ergibt sich mit zunehmender Vergrößerung eine zunehmende Unschärfe, die die Auflösung der Aufnahme, d.h. die Erkennbarkeit von Details begrenzt.

Wir bezeichnen als Unschärfe die Breite des Schwärzungsüberganges einer projizierten Kante (Fig. 5.18). Mit D ist der wirksame Durchmesser der Röntgenquelle bezeichnet. Die schematisch angedeutete Schwärzung auf dem Film ist für

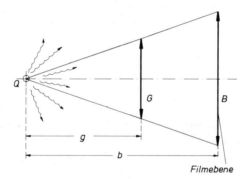

Fig. 5.17 Zur Bestimmung der Vergrößerung bei einer Projektion. b = Bildweite, B = Bildgröße, g = Gegenstandsweite, G = Gegenstandsgröße, Q = Strahlenquelle.

eine punktförmige Strahlenquelle (a) und für die ausgedehnte Strahlenquelle (b) gezeichnet. Nach dem Strahlensatz ergibt sich für die Unschärfe U

$$\frac{U}{b - g} = \frac{D}{g}$$

oder

$$U = D \cdot \frac{b - g}{g} = D \cdot (\frac{b}{g} - 1) \ ,$$

d.h. mit Gl. (5.18)

$$U = D \cdot (V - 1) \ . \tag{5.19}$$

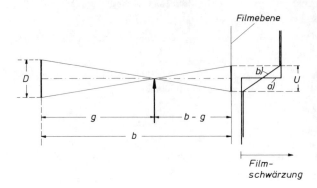

Fig. 5.18 Zur Bestimmung der Unschärfe bei der Projektion einer Kante mit
einer ausgedehnten Strahlenquelle (Durchmesser D).
(a) Schwärzungsverlauf auf dem Film bei punktförmiger Quelle,
(b) Schwärzungsverlauf auf dem Film bei ausgedehnter Quelle.

Für V = 1, d.h. b = g wird die Unschärfe Null, unabhängig von der Größe des
Brennfleckdurchmessers. Um das zu erreichen, muß das Objekt unmittelbar auf
den Film gepreßt werden. Man nutzt das Verfahren für dünne (!) Objekte bei der
Kontakt-Mikroradiographie: Das flache Objekt (Dünnschliff) wird mit einem hoch-
auflösenden Film photographiert und danach das mit Röntgenstrahlen erhaltene
Bild lichtoptisch nachvergrößert.

Bei hohen Vergrößerungen ist die Unschärfe dem Brennfleckdurchmesser proportional. Man ist also gezwungen, diesen so klein wie möglich zu machen, was nur
durch Einbuße an Strahlungsleistung erreicht werden kann. So verwendet man
z.B. bei der Projektions-Mikroradiographie extrem kleine Brennflecke (bis
10^{-3} mm), was man durch elektronen-optische Verfahren ähnlich wie beim Elektronenmikroskop erreicht.

Der Wehneltzylinder umschließt die Kathode ähnlich wie ein Käfig und sorgt für
die Ausbildung eines fokussierten Brennfleckes. In Röntgenstrahlung wird nur
ein sehr geringer Teil der Elektronenenergie umgesetzt (vgl. Abschn. 5.1.2),
der weitaus größte Anteil wird in Wärme umgesetzt. Ein Teil der Elektronenenergie führt, jedoch zur Bildung von Sekundärelektronen, die an der Anodenoberflä-
che freigesetzt werden. Die Energie dieser Sekundärelektronen ist gegenüber
der Primärenergie zwar um etwa 20% vermindert, reicht aber doch aus, an den
Stellen der Röntgenröhre (z.B. am Glaskolben), wo sie auftreffen, "extrafoka-
le" Strahlung zu erzeugen. Diese ist weicher, d.h. energieärmer (oder langwel-
liger) als die Nutzstrahlung und führt bei Röntgenaufnahmen zu einem kontrast-

minderndem Schleier. Bei manchen Röntgenröhren wird daher auch die Anode mit
einem Käfig umgeben, in den durch eine Lochblende der fokussierte Elektronen-
strahl von der Kathode eintreten kann, die Sekundärelektronen jedoch absorbiert werden. Die Nutzstrahlung verläßt den Käfig seitlich durch ein dünnes
Metall-Fenster.

6. Wechselwirkungen von Röntgen- und Gammastrahlen mit Materie

6.1 Grundbegriffe

Treffen Röntgen- oder Gammastrahlen (Photonen) auf Materie, so können grundsätzlich folgende Wechselwirkungen (WW) auftreten:

a) Absorption: Das Photon verschwindet, seine Energie wird in eine andere Form umgewandelt, z.B. in kinetische Energie von Elektronen.

b) Elastische Streuung: Wechselwirkung der Photonen mit Elektronen, wobei die Summe der kinetischen Energien konstant bleibt. Da die Ruheenergie eines Photons gleich Null ist, zählt seine Gesamtenergie als kinetische Energie. Wir unterscheiden:
Kohärente Streuung: Die gebundenen Elektronen der Atomhülle werden durch die Photonen (elektro-magnetische Welle) zu Schwingungen angeregt. Die schwingenden Elektronen wirken als Sender und sind so Ursache einer Streuwelle. Dies wirkt sich so aus, als ob die Photonen aus ihrer ursprünglichen Ausbreitungsrichtung ohne Energieverlust abgelenkt werden. Man bezeichnet diese Streuung auch als Thomson-Streuung.
Inkohärente Streuung: Ein Teil der Photonenenergie wird in einem elastischen "Stoß" als kinetische Energie auf das Elektron übertragen, das Photon ändert Energie und Ausbreitungsrichtung (Compton-Streuung).

c) Unelastische Streuung: Teile der Photonenenergie werden in andere Energieformen umgewandelt (Anregungsenergie, Bindungsenergie, Wärme), die Restenergie wird vom Photon unter Richtungsänderung abgeführt.

Folgende Begriffe werden bei der Beschreibung von Wechselwirkungen der Photonen mit Materie verwendet:

a) Schwächung: Abnahme der Zahl der Photonen in einem Photonenbündel durch Absorption und Streuung.

b) Energieumwandlung: Umwandlung der Photonenenergie in kinetische Energie von Elektronen (wobei das einzelne wechselwirkende Photon nicht seine gesamte Energie abgeben muß).

c) Energieabsorption: Bei der Energieumwandlung wird Energie auf die Elektronen des Absorbermaterials übertragen. Da ein Teil dieser Energie in Röntgenbremsstrahlung umgewandelt wird, die den Absorber wieder verlassen kann und ihm so wieder verloren geht, berücksichtigt man dies bei der Energieabsorption, die also die Energieumwandlung abzüglich der Bremsstrahlungserzeugung darstellt. Oft ist letzterer Anteil gering (vgl. Abschn. 5.1.3) und wird nicht berücksichtigt.

Die möglichen Einzelprozesse bei der Wechselwirkung von Photonen mit Materie lassen sich nach dem Ort, an dem sie im Atom stattfinden, klassifizieren. Die Tab. 6.1 zeigt eine schematische Übersicht.

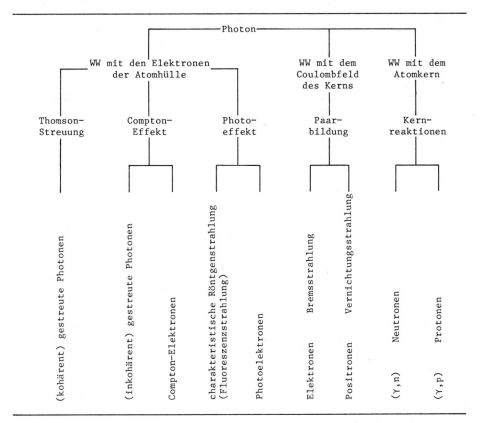

Tab. 6.1 Schema der Wechselwirkungen (WW) von Photonen (Röntgen- und γ-Strahlung) mit Atomen.

6.2 Wechselwirkungen mit dem Atomkern

Durch Wechselwirkung mit einem Photon (oder auch mit einem Elektron) kann der Kern zur Emission eines oder mehrerer Nukleonen (Neutronen, Protonen) angeregt werden (Kernphotoeffekt). Da das Nukleon mit einer bestimmten Bindungsenergie an den Kern gebunden ist (vgl. Fig. 4.2), muß das Photon mindestens diese Energie mitbringen, um die Emission des betreffenden Neutrons oder Protons zu ermöglichen. Diese notwendige Mindestenergie wird als Schwellenenergie bezeichnet. Sie liegt bei den meisten Kernen in der Größenordnung 10 MeV, so daß Wechselwirkungen mit dem Atomkern nur bei hochenergetischen Beschleunigern (Betatron, Linearbeschleuniger) eine Rolle spielen und damit eine Einbeziehung der Protonen-, besonders aber der Neutronen-Strahlung in Dosimetrie und Strahlenschutz verlangen. Das Einsetzen der Reaktion erkennt man häufig am Einsetzen von Radioaktivität im Restkern, die sehr empfindlich nachgewiesen werden kann und oft zur Energieeichung der Beschleuniger verwendet wird.

Bei (γ,n)-Reaktionen zeigt der Restkern ein Neutronendefizit, die induzierte Radioaktivität äußert sich in β^+-Zerfällen. Beispiele:

^{63}Cu (γ,n) ^{62}Cu, Schwellenenergie $10,85$ MeV,
induzierte Umwandlung: $^{62}Cu \rightarrow \beta^+ + ^{62}Ni$,
Halbwertszeit: $9,73$ min,
Strahlung: Positronen und Vernichtungsstrahlung.

^{16}O (γ,n) ^{15}O, Schwellenenergie $15,68$ MeV,
induzierte Umwandlung: $^{15}O \rightarrow \beta^+ + ^{15}N$,
Halbwertszeit: 124 sec,
Strahlung: Positronen und Vernichtungsstrahlung.

Kerne mit niedriger Schwellenenergie für (γ,n)-Prozesse:
^9Be $(1,67$ MeV$)$; $^2H = D$ $(2,23$ MeV; ^{13}C $(4,9$ MeV$)$.

(γ,p)-Reaktionen führen häufig zu stabilen oder zumindest langlebigen Folgekernen. Letztere gehen durch β^--Zerfall - wegen ihres Neutronenüberschusses - in stabile Nuklide über. Beispiele:

^{12}C (γ,p) ^{11}B, Schwellenenergie $15,9$ MeV,
^{11}B ist stabil, in dem in der Natur vorkommenden Isotopengemisch findet man 80% ^{11}B und 20% ^{10}B.

^{26}Mg (γ,p) ^{25}Na, Schwellenenergie 14,15 MeV,

induzierte Umwandlung: ^{25}Na $\rightarrow$ ß$^-$ + ^{25}Mg,

Halbwertszeit: 60 sec,

Strahlung: Elektronen und γ-Strahlung aus angeregten Niveaus

von ^{25}Mg.

6.3 Wechselwirkungen mit dem Coulombfeld der Kerne

Bei Quantenenergien von mehr als 1,022 MeV kann sich im Coulombfeld des Kerns die gesamte Energie des Photons "materialisieren". Es entsteht ein Elektron und ein Positron. Zur Bildung der Teilchen muß mindestens eine der Ruheenergie äquivalente Energie von

$$m_{Elektron} \cdot c^2 + m_{Positron} \cdot c^2 = 0,511 \text{ MeV} + 0,511 \text{ MeV} \qquad (6.1)$$

durch das Photon zur Verfügung stehen. Übersteigt die Photonenenergie den Schwellwert von 1,022 MeV, wird der Überschuß auf Elektron und Positron als kinetische Energie übertragen.

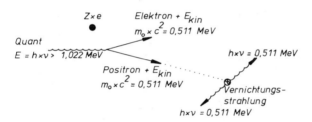

Fig. 6.1 Paarbildung als Wechselwirkung von Photonen im Coulombfeld des Kerns mit anschließender Produktion von Vernichtungsstrahlung bei der Rekombination des abgebremsten Positrons mit einem Elektron.

Elektron und Positron werden in der umgebenden Materie abgebremst, dabei entsteht in geringem Umfang Bremsstrahlung (vgl. Abschn. 5.1.3). Das abgebremste und zur Ruhe gekommene Positron ($E_{kin} \approx 0$) rekombiniert mit einem Elektron unter Erzeugung von Vernichtungsstrahlung (vgl. Abschn. 4.2.5 und Fig. 4.13). In der Fig. 6.1 ist das Schema der Wechselwirkung dargestellt.

Durch Paarbildung wird hochenergetische (harte) Röntgenstrahlung (z.B. eines Beschleunigers) in leicht abschirmbare ß$^-$- und ß$^+$-Strahlung umgewandelt. Die durch das Zerstrahlen des Positrons entstehende Vernichtungsstrahlung ist von geringerer Energie als die Primärstrahlung und ermöglicht im allgemeinen geringere Dicken der Strahlenschutzwände.

6.4 Wechselwirkungen mit den Hüllenelektronen

6.4.1 Der Compton-Effekt erfolgt mit freien oder zumindest nur lose gebundenen Elektronen der äußeren Schalen. Dabei wird ähnlich wie beim Stoß elastischer Kugeln (wie er z.B. beim Billardspiel auftritt) ein Teil der Energie des Photons dem Elektron als kinetische Energie übertragen. Die Restenergie verbleibt dem Photon, es fliegt mit geänderter Richtung weiter. Ist seine Energie vor dem Stoß E, danach E', und bezeichnet E_{kin} die auf das Elektron übertragene kinetische Energie, so folgt aus dem Energiesatz

$$E' = E - E_{kin} \cdot \qquad (6.2)$$

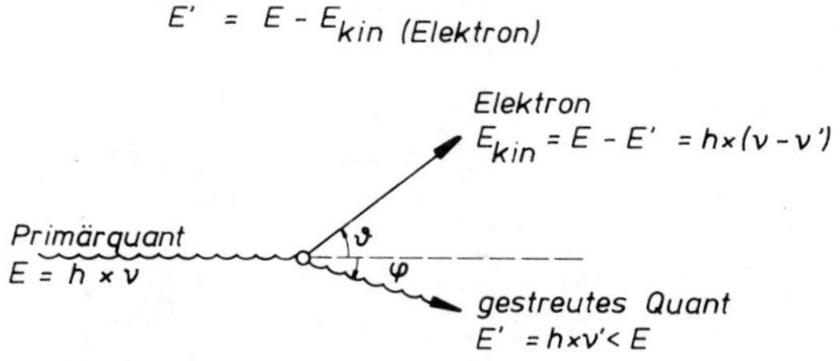

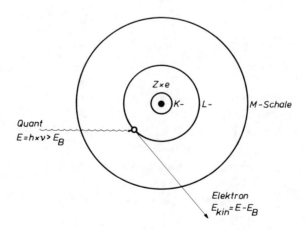

Fig. 6.2 Der Comptoneffekt als elastischer Stoß eines Photons mit einem Elektron (inkohärente Streuung).

Fig. 6.3 Photoeffekt: Absorption des Quants und Ionisierung des Atoms in einer inneren Schale.

Der Compton-Effekt ist das klassische Beispiel dafür, daß elektro-magnetische Strahlung in Elementarprozessen wie ein Teilchen, d.h. als Quant beschrieben werden muß, und daß auch im atomaren Bereich Energie- und Impulssatz gültig sind.

6.4.2 Der Photoeffekt findet an den Elektronen der inneren Schalen statt. Die Energie des Quants muß größer sein als die Bindungsenergie E_B des Elektrons in der betreffenden Schale. Die überschüssige Energie des Quants wird dem Elektron als kinetische Energie übertragen. Die Fig. 6.3 zeigt als Beispiel den Photoeffekt mit Ionisierung in der L-Schale.

Als Folge der Ionisierung des Atoms in einer inneren Schale entsteht charakteristische Röntgenstrahlung (Fluoreszenzstrahlung): Äußere Elektronen des Atoms füllen die Leerstelle auf, die gewonnene Bindungsenergie wird in Form von diskreter (charakteristischer) Röntgenstrahlung freigesetzt.

6.4.3 Kohärente Streuung (Thomson-Streuung) führt zu einer Richtungsänderung der Quanten, im Gegensatz zur Compton-Streuung jedoch ohne Energieverlust der Quanten. Es handelt sich um einen kollektiven Vorgang, bei dem die Röntgenstrahlung als elektro-magnetische Welle zu beschreiben ist. Die elektrische Feldstärke der Welle regt die an den Kern gebundenen Elektronen der Atomhüllen zu erzwungenen Schwingungen an, die Schwingungsfrequenz der Elektronen stimmt mit der Frequenz der Welle überein. Die schwingenden Elektronen wirken als "Antenne" und geben die aus der einfallenden Welle aufgenommene Energie als Streustrahlung in alle Richtungen mit unterschiedlicher Intensität wieder ab. Da die Frequenz der Streustrahlung mit der der Primärstrahlung überinstimmt, bleibt die Quantenenergie erhalten:

$$E = h \cdot \nu = E' = h \cdot \nu' \,. \qquad (6.3)$$

Die Richtungsverteilung der Streustrahlungs-Intensität ist bei der kohärenten (wie auch bei der inkohärenten (Compton-)) Streuung von der Energie der einfallenden Photonen (Frequenz der einfallenden Welle) abhängig. Bei hohen Photonenenergien wird bevorzugt in Richtung der einfallenden Strahlung (Vorwärtsrichtung) gestreut.

6.5 Schwächung von Röntgen- und Gammastrahlen

6.5.1 Trifft ein Photonenstrahl auf Materie, so geht ihm ein Teil der Photonen durch Streuung und Absorption verloren. Durch das Schwächungsgesetz lassen sich diese Verluste berechnen. Dazu betrachten wir ein Bündel, das mit der Photonenstromdichte j_o auf einen Absorber fällt. Unter der Photonenstromdichte verstehen wir die Zahl der Photonen, die pro Zeit t auf eine senkrecht zur Ausbreitungsrichtung stehende Fläche A trifft:

$$\text{Photonenstromdichte} = \frac{\text{Zahl der Photonen}}{\text{Zeit} \cdot \text{Fläche}} \qquad (6.4)$$

Sie wird in $m^{-2} \cdot s^{-1}$ gemessen. Die Photonenstromdichte ist bei Quanten einer bestimmten, einheitlichen Energie leicht in die Intensität (Energie durch Zeit und Fläche, $J \cdot m^{-2} \cdot s^{-1} = W \cdot m^{-2}$) umzurechnen. Wenn nämlich jedes Quant die Energie $h \cdot \nu$ transportiert, ist die pro Zeit und Fläche transportierte Energie gerade

$$I = h \cdot \nu \cdot j . \qquad (6.5)$$

Fragt man nach der Gesamtzahl N von Photonen, die in der Zeit t auf eine Fläche A senkrecht auftreffen, so hat man mit der Stromdichte j

$$N = j \cdot A \cdot t . \qquad (6.6)$$

Zur Beschreibung eines parallelen Photonenbündels können gleichermaßen j, I und N benutzt werden.

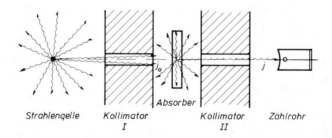

Fig. 6.4 Kollimatoranordnung zur Erzeugung eines parallelen Photonenbündels bei der Messung der Schwächung von Röntgen- und γ-Strahlen durch einen Absorber.

Da es für Röntgen- und γ-Strahlen keine Linsen gibt, um wie in der Lichtoptik ein Parallelbündel herzustellen (Strahlenquelle im Brennpunkt einer Sammellinse), muß man hier ein geeignetes Bündel ausblenden (Fig. 6.4). Dazu dienen Kollimatoren, die in einer für die Strahlung undurchlässigen Wand (meist Blei) eine Bohrung passender Abmessung haben. Je länger die Bohrung im Verhältnis zu ihrem Querschnitt ist, um so besser ist die Parallelität des Bündels. Durch

einen zweiten Kollimator wird verhindert, daß im Absorber entstehende Streustrahlung das Zählrohr trifft und damit die Messung der Photonenstromdichte j,
die unbehindert durch Wechselwirkungen den Absorber passiert, verfälscht.

Wir betrachten zunächst eine sehr dünne Absorberschicht der Dicke Δx, auf die
ein Photonenstrom der Stromdichte j trifft (Fig. 6.5). Nach dem Durchgang wird
die Stromdichte um den Betrag Δj vermindert sein, da durch die Atome des
Absorbers ein Teil der Querschnittsfläche für die Strahlung undurchlässig ist.

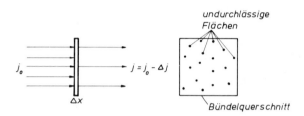

Fig. 6.5 Zur Berechnung des Schwächungsgesetzes für Röntgen- und γ-Strahlen
(vgl. Text).

Die Abnahme der Stromdichte ist der in die Schicht eindringenden Stromdichte j
sowie der Schichtdicke Δx proportional:

$$\Delta j \approx - j \cdot \Delta x . \tag{6.7}$$

Da die Schwächung zu einer Verkleinerung von j führt, wurde in die Beziehung
das Minuszeichen eingefügt. Mit einer von der Photonenenergie abhängigen Mate-
rialkonstanten μ (die mittelbar beschreibt, wie groß die undurchlässige Fläche
ist, die das einzelne Absorberatom dem Bündel in den Weg stellt) können wir
die Proportionalität in eine Gleichung umformen:

$$\Delta j = - \mu \cdot j \cdot \Delta x , \tag{6.8}$$

oder, wenn man für ein monoenergetisches Bündel beide Seiten mit der Quantenenergie h·ν multipliziert

$$\Delta I = - \mu \cdot I \cdot \Delta x , \tag{6.8a}$$

oder, wenn man beide Seiten der Gleichung mit der getroffenen Absorberfläche A
und der (Meß-)Zeit t multipliziert

$$\Delta N = - \mu \cdot N \cdot \Delta x . \tag{6.8b}$$

Die angeschriebenen Gleichungen entsprechen völlig der Ausgangsgleichung bei der Berechnung des Zeitgesetzes für den radioaktiven Zerfall (vgl. Gl. 4.13). Genau wie dort können wir von der Differenzengleichung zur Differentialgleichung übergehen und die Gleichung integrieren (anschaulich: Die Verluste in den aufeinanderfolgenden dünnen Schichten aufsummieren) und erhalten:

$$j = j_o \cdot e^{-\mu \cdot x} , \qquad (6.9)$$

$$I = I_o \cdot e^{-\mu \cdot x} , \qquad (6.9a)$$

$$N = N_o \cdot e^{-\mu \cdot x} , \qquad (6.9b)$$

Die Größen j (Photonenstromdichte), I (Intensität) und N (Zahl der Photonen) beschreiben die Strahlung nach passieren des Absorbers mit der Dicke x, die Größen j_o, I_o und N_o die Strahlung ohne Absorber (und somit auch die Strahlung, die auf die Absorberfläche trifft). Die Materialkonstante μ wird Schwächungskoeffizient genannt. Sie hat die Einheit einer reziproken Länge und wird in m^{-1} oder (gebräuchlicher) in cm^{-1} angegeben.

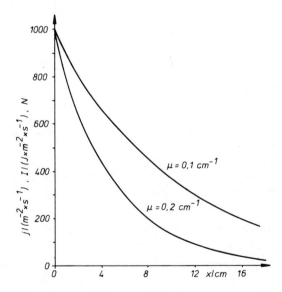

Fig. 6.6 Schwächung eines Photonenbündels als Funktion der Absorberdicke x für zwei Materialien mit verschiedenem linearem Schwächungskoeffizient μ.

Die Photonenstromdichte (und somit auch die Gesamtzahl der Photonen sowie die Intensität) nimmt exponentiell mit der Absorberdicke ab. In linearer Darstellung (Fig. 6.6) erhält man eine asymptotisch gegen Null verlaufende Funktion, in halblogarithmischer Darstellung (Fig. 6.7) erhält man dagegen ein Gerade.

6.5.2 Halbwertschicht und Zehntelwertschicht werden in Analogie zur Halbwertzeit beim radioaktiven Zerfall definiert.

Die Halbwertschicht ist die Dicke eines Absorbers, nach der die Photonenstromdichte (Intensität, Zahl der Photonen) auf die Hälfte (= 50%) abgenommen hat.

$$x_{1/2} = \frac{\ln 2}{\mu} = \frac{0,693}{\mu} \ . \tag{6.10}$$

Die Zehntelwertschicht ist die Dicke eines Absorbers, nach der die Photonenstromdichte auf ein Zehntel (= 10%) abgenommen hat.

$$x_{1/10} = \frac{\ln 10}{\mu} = \frac{2,303}{\mu} \ . \tag{6.11}$$

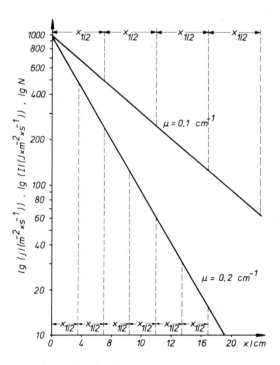

Fig. 6.7 Schwächungsgesetz für ein Photonenbündel in halblogarithmischer Darstellung (Werte wie in Fig. 6.6, zusätzlich eingezeichnet eine Reihe von Halbwertschichten).

Etwa drei Halbwertschichten liefern eine Zehntelwertschicht (genauer 3,32). Zehn Halbwertschichten schwächen das Photonenbündel etwa um den Faktor Tausend (auf ein Promille).

Mit der Halbwertschicht läßt sich das Schwächungsgesetz auch schreiben

$$j = j_o \cdot \frac{1}{2^{x/x_{1/2}}} \, , \qquad (6.12)$$

oder mit der Zehntelwertschicht

$$j = j_o \cdot \frac{1}{10^{x/x_{1/10}}} \, . \qquad (6.13)$$

6.5.3 Der Schwächungskoeffizient μ hängt von den Eigenschaften des Absorbermaterials ab, insbesondere von der Kernladungs- oder Ordnungszahl Z seiner Atome ab. Dazu kommt die schon erwähnte Abhängigkeit von der Energie der Photonen, denn manche Prozesse haben eine sogenannte Schwellenenergie, d.h. sie setzen erst ein, wenn die Photonenenergie einen bestimmten Wert überschreitet; auch ihre "Ausbeute" ist energieabhängig. Das bedeutet, daß die Schwächung eines Photonenbündels mit einem Schwächungskoeffizienten μ nur bei Strahlung einheitlicher Energie, nämlich monoenergetische Strahlung, wie sie etwa von bestimmten Radionukliden erzeugt wird, durch ein reines Exponentialgesetz richtig beschrieben wird. Enthält das Bündel Photonen verschiedener Energie, müssen sich Abweichungen von dem exponentiellen Gesetz ergeben. Damit ist aber auch die Halbwertschicht keine einheitliche Größe zur Beschreibung der Schwächung mehr. Dies trifft vor allem für Röntgenbremsstrahlung zu, die ja ein kontinuierliches Energiespektrum der Photonen besitzt.

Man kehrt die Fragestellung um: Je einheitlicher sich ein Strahlungsgemisch in seinem Schwächungsverhalten durch eine einzige Halbwertschicht (durch einen einzigen Schwächungskoeffizienten) beschreiben läßt, um so einheitlicher, um so homogener wird auch die energetische Strahlungszusammensetzung sein. Man beschreibt daher die Homogenität von Röntgenstrahlung durch den Homogenitätsgrad H. Er ist definiert durch das Verhältnis der 1. Halbwertschicht s_1 zur danach folgenden 2. Halbwertschicht s_2 bei der Schwächung der Strahlung:

$$H = s_1/s_2 \qquad (6.14)$$

Völlig homogene, d.h. monoenergetische Strahlung hat den Homogenitätsgrad 1. Für praktische Anwendungen ist man mit $H > 0,66$ meist zufrieden.

Die Qualität der Röntgenstrahlung wird oft, wenn Einzelheiten des Intensitätsspektrums nicht erfaßt werden können oder sollen, durch die Größen

      1. Maximale Energie (Röhrenspannung)

      2. Halbwertschichtdicke

      3. Homogenitätsgrad

angegeben. Diese mehr qualitativen Angaben sind jedoch für Detailfragen wie
z.B. Dosisberechnungen nicht ausreichend.

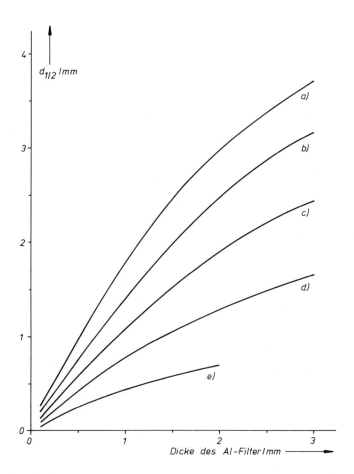

Fig. 6.8 Änderung der Halbwertschicht in Aluminium durch zunehmende Filterung
      von Röntgenstrahlung mit Al bei verschiedenen Anregungsbedingungen.
      Röhrenspannung: a) 100 kV, b) 80 kV, c) 60 kV, d) 40 kV, e) 20 kV.

Durch die Verwendung von Filtern strebt man eine Homogenisierung der Strahlung an. Da Filter vor allem die niederenergetischen (weichen) Strahlungsanteile absorbieren, wird die an sich breite Intensitätsverteilung der Röntgenbremsstrahlung mit zunehmender Filterdicke schmaler und die mittlere Energie wächst (Aushärtung). Natürlich erfolgt eine Schwächung der Strahlung insgesamt, was z.B. bei photographischen Aufnahmen zu einer Verlängerung der Belichtungszeit führt.

In der Fig. 6.8 sind die Halbwertschichten für verschiedene Röhrenspannungen und Aluminium-Filterdicken dargestellt. Die Kurven geben nur Anhaltswerte, da unterschiedliche apparatespezifische Daten nicht berücksichtigt sind. Man erkennt deutlich die Zunahme der Halbwertdicken durch die fortschreitende Reduzierung der niederenergetischen Strahlungsanteile: Mit zunehmender Eindringtiefe erhalten die energiereicheren Anteile zunehmendes Gewicht. Das Abflachen des Kurvenanstiegs bedeutet, daß sich aufeinanderfolgende Halbwertschichten weniger unterscheiden, der Homogenitätsgrad also zunimmt.

<u>Beispiel 6.1</u> Homogenität von Röntgenstrahlen

Wir entnehmen der Fig. 6.8 für Röntgenstrahlung, die mit 60 kV angeregt wird (Kurve c), für die Halbwertschichten in Aluminium:

a) 1. Halbwertschicht $d_{1/2}$ = 0,6 mm bei 0,5 mm Al-Filter (Vorfilterung durch den Glaskolben der Röhre, ausgedrückt durch den Aluminium-Gleichwert),

   2. Halbwertschicht $d_{1/2}$ = 1,2 mm bei (0,5 + 0,6) mm Al-Filter

$$H = \frac{0,6 \text{ mm}}{1,2 \text{ mm}} = 0,5 \ .$$

b) 1. Halbwertschicht $d_{1/2}$ = 1,5 mm bei 1,5 mm Al-Filter

   2. Halbwertschicht $d_{1/2}$ = 2,4 mm bei (1,5 + 1,5) mm = 3,0 mm Al-Filter

$$H = \frac{1,5 \text{ mm}}{2,4 \text{ mm}} = 0,63 \ .$$

Eine Filterung der Strahlung durch 1,5 mm Al macht sie "praktisch" homogen. Da die Röhre in der Regel eine Filterwirkung von 0,5 mm Al-Gleichwert liefert, ist ein zusätzliches Al-Filter von 1 mm Dicke erforderlich.

6.6 Schwächungskoeffizienten

6.6.1 Wenn der Absorber kein reines chemisches Element ist, sondern ein Gemisch oder eine Verbindung, wenn er in gasförmiger, flüssiger oder fester Form vorliegt, muß der wirksame Schwächungskoeffizient in jedem Falle für die im Absorber tatsächlich vorhandenen Atome berechnet werden. Dazu benutzt man zweckmäßig den auf die Massendichte ρ (Masse m/Volumen V) bezogenen Schwächungskoeffizienten. Wir finden aus dem Schwächungsgesetz durch einfaches Umschreiben

$$j = j_o \cdot e^{-\frac{\mu}{\rho} \cdot (\rho \cdot x)} \ . \tag{6.15}$$

Man bezeichnet

$$\mu_m = \frac{\mu}{m/V} = \frac{\mu}{\rho} \tag{6.16}$$

als <u>Massenschwächungskoeffizient</u>, er wird meist in cm^2/g angegeben. Das Produkt $(\rho \cdot x)$ heißt Massenbedeckung (Masse m/Fläche A, auch Massendicke), sie wird in g/cm^2 angegeben.

Der Schwächungskoeffizient für chemische Verbindungen und Stoffgemische ergibt sich aus folgender Überlegung: Die Schwächung des Photonenbündels in einem sehr dünnen Absorber setzt sich additiv aus den Schwächungen durch die vorhandenen Atomsorten zusammen.

$$\Delta j = - \mu_{Gemisch} \cdot j \cdot \Delta x = -\mu_1 \cdot j \cdot \Delta x -\mu_2 \cdot j \cdot \Delta x -\mu_3 \cdot j \cdot \Delta x - \ldots$$

Durch Vergleich finden wir

$$\mu_{Gemisch} = \mu_1 + \mu_2 + \mu_3 + \ldots \tag{6.17}$$

Aus den Tabellenwerten $(\mu/\rho)_1, \ldots$ erhalten wir die einzelnen Schwächungskoeffizienten durch Multiplikation mit den tatsächlichen Dichten, wie sie im Absorber vorliegen.

$$\mu_{Gemisch} = (\frac{\mu}{\rho})_1 \cdot \rho_1 + (\frac{\mu}{\rho})_2 \cdot \rho_2 + (\frac{\mu}{\rho})_3 \cdot \rho_3 + \ldots \tag{6.18}$$

Wenn das Gemisch oder die Verbindung die Dichte ρ besitzt, hat man für den Massenschwächungskoeffizienten

$$(\frac{\mu}{\rho})_{Gemisch} = (\frac{\mu}{\rho})_1 \cdot \frac{\rho_1}{\rho} + (\frac{\mu}{\rho})_2 \cdot \frac{\rho_2}{\rho} + (\frac{\mu}{\rho})_3 \cdot \frac{\rho_3}{\rho} + \ldots \tag{6.18a}$$

Wenn $m = m_1 + m_2 + m_3 + \ldots$ die Gesamtmasse (Summe der Teilmassen im Absorber) ist, kann man auch schreiben

$$\left(\frac{\mu}{\rho}\right)_{Gemisch} = \left(\frac{\mu}{\rho}\right)_1 \cdot \frac{m_1}{m} + \left(\frac{\mu}{\rho}\right)_2 \cdot \frac{m_2}{m} + \left(\frac{\mu}{\rho}\right)_3 \cdot \frac{m_3}{m} + \dots \tag{6.18b}$$

Beispiel 6.2 Der Massenschwächungskoeffizient von Wasser

In 18 g Wasser sind 2 g Wasserstoff (H) und 16 g Sauerstoff (O) enthalten. Für den Massenschwächungskoeffizienten folgt

$$\left(\frac{\mu}{\rho}\right)_{H_2O} = \frac{2}{18} \cdot \left(\frac{\mu}{\rho}\right)_H + \frac{16}{18} \cdot \left(\frac{\mu}{\rho}\right)_O \cdot$$

6.6.2 Will man die Schwächung des Photonenstromes auf den Elementarprozeß, d.h. auf das betroffene Atom beziehen, benutzt man den atomaren Schwächungskoeffizienten μ_{at}. Zu seiner Deutung knüpfen wir an Fig. 6.5 an: Jedes Atom stellt dem Photonenbündel eine undurchlässige Fläche σ in den Weg. Die undurchlässige Gesamtfläche ΔA ergibt sich aus der Zahl der Atome Δn im einem dünnen Absorber der Dicke Δx aus

$$\Delta A = \Delta n \cdot \sigma , \tag{6.19}$$

Die Abnahme der Photonenstromdichte im Absorber hängt ab vom Verhältnis der undurchlässigen Fläche ΔA zum Bündelquerschnitt A, aus dieser atomistischen Vorstellung schreiben wir Gl. 6.8

$$\Delta j = - \frac{\Delta A}{A} \cdot j \cdot \Delta x . \tag{6.20}$$

Δn, die Zahl der im Absorber vorhandenen Atome, ergibt sich aus der Teilchendichte n/V (Zahl der Teilchen durch Volumen) zu

$$\Delta n = \frac{n}{V} \cdot \Delta V = \frac{n}{V} \cdot A \cdot \Delta x , \tag{6.21}$$

wobei n/V aus der Dichte ρ, der molaren Masse M und der Avogadrokonstanten N_A ermittelt werden kann. Ist im Volumen V die Masse m enthalten und haben die einzelnen Atome die Masse m_A, so ist zunächst

$$\frac{n}{V} = \frac{m/m_A}{V} = \frac{\rho}{m_A} \quad \text{und} \quad m_A = \frac{M}{N_A} \cdot$$

Durch Einsetzen der gefundenen Beziehungen in Gl. 6.20 ergibt sich

$$\Delta j = - \sigma \cdot \frac{1}{A} \cdot \rho \cdot A \cdot \Delta x \cdot \frac{1}{M/N_A} \cdot j . \tag{6.22}$$

Der Vergleich mit dem Ansatz Gl. 6.8 liefert schließlich

$$\mu = \sigma \cdot \rho \cdot \frac{1}{M/N_A} \; ,$$

und

$$\sigma = \mu_{at} = \frac{\mu}{\rho} \cdot \frac{M}{N_A} = \frac{\mu}{n/V} \; . \tag{6.23}$$

Beispiel 6.3 Der atomare Schwächungskoeffizient von Blei

Für 100-keV Röntgenquanten ist bei Blei der Massenschwächungskoeffizient $\mu/\rho = 5{,}79$ cm^2/g. Die molare Masse ist M = 207 g/mol, also ist

$$\mu_{at} = \frac{5{,}79 \cdot 207}{6{,}02 \cdot 10^{23}} \; cm^2 = 2 \cdot 10^{-21} \; cm^2 \; .$$

Denkt man sich die Fläche des Wirkungsquerschnittes als Kreisscheibe, so folgt für ihren Durchmesser ein Zahlenwert von etwa $5 \cdot 10^{-11}$ cm. Er liegt wesentlich unter den Werten für Atomdurchmesser (10^{-8} cm) und zeigt, daß ein einzelnes Bleiatom für diese Röntgenstrahlung fast vollständig durchlässig ist.

Die Compton-Streuung stellt eine Wechselwirkung des Photons mit einem freien Elektron dar. Ähnlich wie für den atomaren Schwächungskoeffizienten (Wirkungsquerschnitt) findet man für den durch ein einzelnes Elektron verursachten Wirkungsquerschnitt μ_e (meist nicht ganz konsequent als Schwächungskoeffizient pro Elektron bezeichnet)

$$\mu_e = \frac{\mu_{at}}{Z} = \frac{\mu}{\rho} \cdot \frac{M}{Z \cdot N_A} \; , \tag{6.24}$$

indem man den Wert für den atomaren Schwächungskoeffizienten durch Z, die Zahl der pro Atom vorhandenen Elektronen, dividiert.

6.6.3 Die Wechselwirkungskomponenten des Schwächungskoeffizienten. Die Schwächung eines Photonenbündels erfolgt durch verschiedene Wechselwirkungsprozesse, in dem hier interessierenden Energiebereich durch

        1) Kohärente Streuung (σ_K)

        2) Compton-Streuung (σ_C)

        3) Photoeffekt (τ)

        4) Paarbildung (κ)

Die genannten Prozesse liefern jeweils einen Anteil für den gesamten Schwächungskoeffizienten, der sich in eine Summe der Komponenten aufspalten läßt:

$$\mu = \sigma_K + \sigma_C + \tau + \kappa \ . \tag{6.25}$$

Die Schwächungskoeffizienten für die Streuung σ_K und σ_C werden oft zu einer
Größe σ, die die gesamte Streuung beschreibt, zusammengefaßt. τ ist der Schwächungskoeffizient für den Photoeffekt, κ der für die Paarbildung. Aus Gl. 6.25
folgt durch Division mit ρ für die Massenschwächungskoeffizienten

$$\frac{\mu}{\rho} = \frac{\sigma}{\rho} + \frac{\tau}{\rho} + \frac{\kappa}{\rho} \ . \tag{6.26}$$

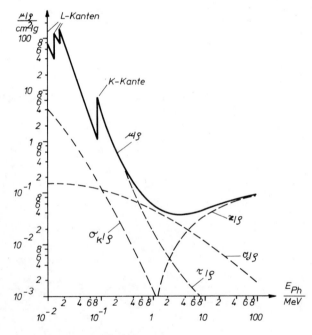

Fig. 6.9 Komponenten des Massenschwächungskoeffizienten für Blei (Z = 82) als
Funktion der Photonenenergie.

σ_K/ρ: Kohärente Streuung, σ_C/ρ: Compton-Streuung
τ/ρ : Schwächung durch Photoeffekt,
κ/ρ : Schwächung durch Paarbildung

Die Größe des Schwächungskoeffizienten hängt, wie bereits angemerkt, von der
Energie E_{Ph} der Photonen und von der Kernladungszahl (Ordnungszahl) Z der
wechselwirkenden Atome ab. Die Fig. 6.9 zeigt am Beispiel Blei (Z = 82), wie

sich die einzelnen Komponenten zum gesamten Massenschwächungskoeffizienten μ/ρ zusammensetzen.

Bei niedrigen Photonenenergien erfolgt die Schwächung des Photonenstromes vornehmlich durch den Photoeffekt. Der Massenschwächungskoeffizient wächst sprunghaft, wenn die Photonenenergie die Bindungsenergie einer Elektronenschale des Absorberatoms überschreitet (K-Kante, L-Kanten, ...). Die Abhängigkeit des Massenschwächungskoeffizienten von Photonenenergie E_{Ph} und Ordnungszahl Z oberhalb der K-Kante ist genähert

$$\frac{\tau}{\rho} = \text{const.} \cdot Z^3/E_{Ph}^3 \ . \tag{6.27}$$

Die Schwächung durch Streuung ist von der Ordnungszahl Z nur wenig abhängig. Sie wird von den Elektronen im Absorber hervorgerufen, deren Dichte nahezu materialunabhängig ist: Aus der Beziehung für den Wirkungsquerschnitt μ_e eines Elektrons (Gl. 12.18) finden wir durch umformen

$$\frac{\sigma}{\rho} = \mu_e \cdot \frac{N_A}{M} \cdot Z \ , \tag{6.28}$$

wobei wir für den Gesamtschwächungskoeffizienten μ den Koeffizienten für den Streubeitrag σ eingesetzt haben. Die molare Masse M ist im wesentlichen durch die Kernmasse der Absorberatome bestimmt. Bezeichnen wir mit m' die molare Masse des Protons, die in guter Näherung gleich der molaren Masse des Neutrons ist, dann können wir ansetzen

$$M = N \cdot m' + Z \cdot m' = (N + Z) \cdot m' \ .$$

Vor allem bei leichten Elementen ist die Zahl der Neutronen im Kern N etwa gleich der Zahl der Protonen Z, für unsere Abschätzung wollen wir diese Näherung aber auch für die schweren Kerne machen (Fehler bis zu 50%)

$$N \approx Z$$

und

$$M \approx 2 \cdot Z \cdot m' \ .$$

Damit erhalten wir

$$\frac{\sigma}{\rho} \approx \mu_e \cdot N_A \cdot \frac{Z}{2 \cdot Z \cdot m'} = \mu_e \cdot \frac{N_A}{2 \cdot m'} \ . \tag{6.28a}$$

σ/ρ hängt von der Ordnungszahl (Kernladungszahl) "fast nicht" ab, wohl aber vom Streuquerschnitt μ_e, der natürlich von der Photonenenergie E_{Ph} abhängt.

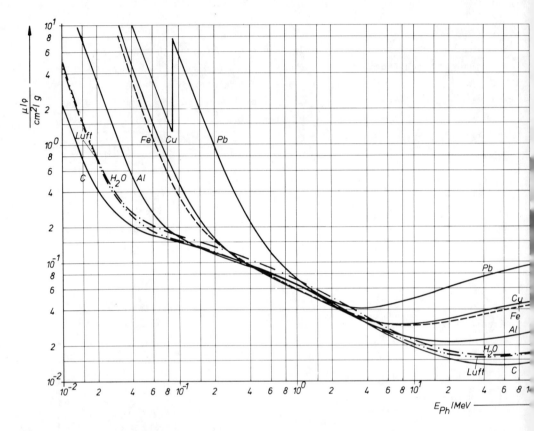

Fig. 6.10 Massenschwächungskoeffizienten einiger gebräuchlicher Materialien als Funktion der Photonenenergie E_{Ph}.

Dies hat zur Folge, daß in dem Energiebereich um 1 MeV die Massenschwächungskoeffizienten für alle Elemente annähernd gleich sind, weil die Anteile von Photoeffekt und Paarbildung an der Schwächung des Photonenbündels hier nur eine untergeordnete Rolle spielen (vgl. Fig. 6.10).

Die Schwächung durch Streuung läßt sich in zwei Bereiche gliedern: Bei niedrigen Energien überwiegt die Schwächung durch kohärente Streuung (Energie des gestreuten Quants = Energie des einfallenden Quants). Bei höheren Energien dominiert der Compton-Effekt, bei dem ein Teil der Quantenenergie auf das Elektron übertragen wird.

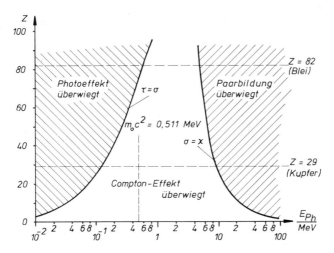

Fig. 6.11 Abgrenzung der Bereiche, in denen Photoeffekt, Streuung bzw. Paarbildung den überwiegenden Anteil an der Schwächung eines Photonenbündels verursachen, als Funktion der Ordnungszahl Z.

Die Schwächung des Photonenbündels durch <u>Paarbildung</u> setzt bei der Schwellenenergie $E_S = 2 \cdot m_o \cdot c^2 = 1{,}022$ MeV ein. Die Abhängigkeit von der Photonenenergie E_{Ph} und der Ordnungszahl Z wird gegeben durch

$$\frac{\kappa}{\rho} = \text{const} \cdot Z \cdot (E_{Ph} - 2 \cdot m_o \cdot c^2) \ . \tag{6.29}$$

Die Schwächungskoeffizienten hängen von der Photonenenergie E_{Ph} wie auch von
der Ordnungszahl Z der Absorberatome ab. Trägt man in einem Z-E_{Ph}-Diagramm die
Kurven ein, für die jeweils $\tau = \sigma$ und $\sigma = \kappa$ ist, lassen sich Bereiche abgren-
zen, in denen die Schwächung eines Photonenbündels vornehmlich durch Photoeffekt, durch Streuung (kohärente und Compton) bzw. durch Paarbildung erfolgt
(Fig. 6.11). Während bei den leichten Elementen (Wasserstoff, Kohlenstoff,
Aluminium) die Schwächung unabhängig vom Energiebereich vornehmlich durch
Streuung erfolgt, zeigen die schweren Elemente ausgeprägte Bereiche, in denen
der Photoeffekt (niedere Energien) oder die Paarbildung (hohe Energien) domi-
nieren.

6.7 Energieumwandlung und -absorption

Durch das Schwächungsgesetz wird beschrieben, wieviele Photonen durch Wechselwirkung mit den Absorberatomen einem Parallelbündel verloren gehen. Wir wollen

jetzt die Frage stellen, welche Energie dadurch in Form von kinetischer Energie auf die Elektronen der Absorberatome übertragen wird. Wir betrachten wie zu Beginn des Abschnittes eine dünne Absorberschicht der Dicke Δx, auf die N Photonen gleicher Energie treffen. Die Zahl der Photonen, die eine Wechselwirkung erfahren ist nach Gl. (6.8b)

$$\Delta N = \mu \cdot N \cdot \Delta x \ .$$

Multipliziert man diese Gleichung mit der Photonenenergie $E_{Ph} = h \cdot \nu$, so hat man in

$$(h \cdot \nu \cdot \Delta N) = \mu \cdot (h \cdot \nu \cdot N) \cdot \Delta x \qquad (6.30)$$

auf der linken Gleichungsseite die Gesamtenergie ΔE der Photonen, die in der Schicht Δx eine Wechselwirkung erfahren, während $(N \cdot h \cdot \nu)$ die Gesamtenergie E ist, die im Photonenbündel auffällt. Nur ein Teil der Energie der wechselwirkenden Photonen findet sich in kinetischer Energie der Elektronen im Absorber. Mit einem Faktor $\alpha < 1$ können wir schreiben

$$\Delta E_{kin} = \alpha \cdot \Delta E = \alpha \cdot \mu \cdot E \cdot \Delta x \ , \qquad (6.31)$$

oder, wenn man mit $\eta = \alpha \cdot \mu$ den Energieumwandlungskoeffizienten einführt,

$$\Delta E_{kin} = \eta \cdot E \cdot \Delta x \ . \qquad (6.31a)$$

ΔE_{kin} ist die Summe der kinetischen Energien der Elektronen, die in der Absorberschicht durch Photo-, Compton- und Paarbildungseffekt freigesetzt werden. Der Faktor α ist für die einzelnen Wechselwirkungsprozesse verschieden und muß experimentell ermittelt oder berechnet werden. Aus

$$\mu = \sigma + \tau + \kappa$$

bekommt man

$$\eta = \alpha \cdot \mu = \alpha_\sigma \cdot \sigma + \alpha_\tau \cdot \tau + \alpha_\kappa \cdot \kappa \ . \qquad (6.32)$$

Der Faktor α_σ ergibt sich aus der mittleren kinetischen Energie $\bar{E}_{kin}$ der Elektronen beim Compton-Effekt:

$$\alpha_\sigma = \bar{E}_{kin}/(h \cdot \nu) \ , \qquad (6.33)$$

α_τ berücksichtigt, daß beim Photoeffekt ein Teil der Quantenenergie $h \cdot \nu$ zur Überwindung der Bindungsenergie $\bar{E}_B$ der Atomelektronen dient (Mittelung über die verschiedenen Werte der einzelnen Schalen unter Berücksichtigung der Ausbeute):

$$\alpha_{\tau} = (h \cdot \nu - \bar{E}_B) / (h \cdot \nu) , \qquad (6.34)$$

α_K trägt der Tatsache Rechnung, daß bei der Paarbildung von der Photonenenergie die Ruheenergie für Elektron und Positron abzuziehen ist, um die kinetische Energie der Teilchen zu erhalten:

$$\alpha_K = (h \cdot \nu - 2 \cdot m_o c^2) / (h \cdot \nu) . \qquad (6.35)$$

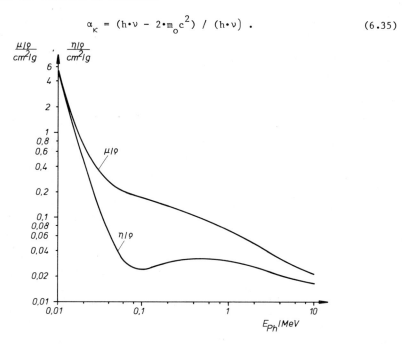

Fig. 6.12 Massen-Schwächungskoeffizient μ/ρ und Massen-Energieumwandlungskoeffizient η/ρ von Wasser (Modellsubstanz für Muskelgewebe) als Funktion der Photonenenergie.

In der Fig. 6.12 sind zum Vergleich der Massen-Schwächungskoeffizient μ/ρ sowie der Massen-Energieumwandlungskoeffizient η/ρ in Abhängigkeit von der Photonenenergie E_{Ph} dargestellt, und zwar für Wasser, das häufig als Modell-Material für Muskelgewebe dient. Man beachte, daß η/ρ zwischen 0,1 und 1 MeV bis zu einer Zehnerpotenz unter den Werten von μ/ρ bleibt, weil in diesem Energiebereich die durch Compton-Effekt gestreuten Quanten einen erheblichen Teil der zur Verfügung stehenden Primärenergie wieder aus dem Absorbermaterial abführen.

Die in kinetische Energie der Elektronen umgewandelte Photonenenergie geht
teilweise dem Absorber wieder verloren, da bei der Abbremsung der Elektronen
(und Positronen bei der Paarbildung) in einem gewissen Umfang Röntgenbremsstrahlung produziert wird, die den Absorber wieder verläßt (vgl. Abschn. 5.1.1
und 5.1.3). Durch Berücksichtigung dieser Bremsstrahlungsproduktion ergibt
sich aus dem Massen-Energieumwandlungskoeffizienten der Massen-Energieabsorp-
tionskoeffizient. In Luft und weichem Gewebe ist der Wirkungsgrad für die
Erzeugung von Bremsstrahlung so gering, daß Energieumwandlungskoeffizient und
Energieabsorptionskoeffizient nahezu gleich sind.

In ausgedehnten bestrahlten Objekten wird ein bestimmtes Volumenelement des
Absorbers aus der Umgebung soviel Bremstrahlungsenergie empfangen, wie aus ihm
verloren geht. In diesem Falle spricht man von Bremsstrahlungs-Gleichgewicht.

7. Dosimetrie

7.1 Grundbegriffe

Vorbemerkung: Als Formelzeichen für die Energie werden in DIN 1304 die Buchstaben "W" und "E" empfohlen. Wir verwenden als Abkürzung den Buchstaben E, weil er unmittelbar auf Energie hindeutet. In der DIN-Vorschrift 6814 Blatt 3 (Begriffe und Benennungen in der radiologischen Technk, Dosisgrößen und Dosiseinheiten) wird der Buchstabe W verwendet, beim Vergleich der angegebenen Beziehungen ist dies zu beachten.

Bei der Wechselwirkung von Strahlung mit Materie wird auf diese Energie übertragen, die sich stufenweise in andere Energieformen umwandeln kann. So wird z.B. beim Photoeffekt die Quantenenergie zur Freisetzung eines Elektrons aus der Atomhülle genutzt (Bindungsenergie), die Restenergie dem Elektron als kinetische Energie mitgegeben. Bei der Abbremsung überträgt das Elektron seine kinetische Energie in der Regel an weitere Atome und Moleküle und bewirkt dadurch Anregungen, Ionisierungen, chemische Prozesse, ein Teil der Energie kann aber auch in Wärmeenergie umgewandelt werden, mit geringer Ausbeute wird Bremsstrahlung produziert. Ziel der Dosimetrie ist es, diese Energieumsetzung zweckmäßig zu beschreiben, Meßverfahren festzulegen und entsprechende Dosisgrößen zu definieren. Neben den allgemeinen physikalischen Dosisbegriffen sind eine Reihe von weiteren Begriffen festgelegt worden, die den speziellen Anliegen in der Medizin und im Strahlenschutz Rechnung tragen. In der Dosimetrie werden die ionisierenden Strahlen in zwei Gruppen eingeteilt:

a) Direkt ionisierende Strahlen sind geladene Teilchen (Elektronen, Positronen, Protonen, α-Teilchen, Ionen), die durch direkte Wechselwirkung über das elektrische Feld (Coulombfeld) mit den Elektronen der Atome und Moleküle diese ionisieren können. Diese große und unmittelbare Wechselwirkung führt zu einer kleinen Reichweite der geladenen Teilchen im Absorber.

b) Indirekt ionisierende Strahlen sind ungeladene Teilchen (Photonen, Neutronen), die in einem Elementarprozeß in der Lage sind, geladene Teilchen mit so hoher Energie freizusetzen, daß diese in der Lage sind, direkt zu ionisieren. Wegen der schwächeren Wechselwirkung ist die Reichweite im Absorbermaterial sehr viel größer als die der Reichweite direkt ionisierender Strahlung.

Bei der Ermittlung der auf das Material übertragenen Energie E_D betrachtet man ein Volumenelement ΔV, in dem die Masse $\Delta m = \rho \cdot \Delta V$ enthalten ist, wenn mit ρ die Dichte des Materials bezeichnet wird. Hierbei ist eine Bilanz aufzustellen zwischen der durch Strahlung in das Volumenelement eintretenden Energie E_{in}, der aus dem Volumenelement durch ionisierende Teilchen und Photonen austretenden Energie E_{ex} und den Reaktions- und Umwandlungsenergien aller Kern- und Elementarteilchenprozesse E_Q:

$$E_D = E_{in} - E_{ex} + E_Q \; . \tag{7.1}$$

Beispiel 7.1 Energiebilanz bei der Paarbildung in einem Volumenelement

Erfolgt in einem Volumenelement eine Paarbildung durch ein Photon mit einer Energie $h \cdot \nu > 1,022$ MeV, so ist die kinetische Gesamtenergie E_{kin} von Elektron und Positron $E_{kin} = h \cdot \nu - 2m_o c^2$. Elektron und Positron geben im Volumenelement die Energie ΔE_{kin} ab, d.h. sie verlassen es mit der Gesamtenergie $E_{kin} - \Delta E_{kin}$. Dann wird die Energiebilanz nach Gl. (7.1):

$$E_{in} = h \cdot \nu \; ,$$

$$E_{ex} = E_{kin} - \Delta E_{kin} = h \cdot \nu - 2m_o c^2 - \Delta E_{kin} \; ,$$

$$E_Q = - 2m_o c^2 \; .$$

E_Q ist negativ anzusetzen, weil diese Umwandlungsenergie dem System entzogen wird. Man erhält durch Einsetzen

$$E_D = h \cdot \nu - (h \cdot \nu - 2m_o c^2 - \Delta E_{kin}) + (-2m_o c^2) \; ,$$

$$E_D = \Delta E_{kin} \; .$$

7.2 Einheiten

In der DIN-Vorschrift 6814, Blatt 3 sind die folgenden Begriffe, Größen und Einheiten für die Dosimetrie festgelegt:

7.2.1 Die von einer ionisierenden Strahlung in einem Material erzeugte Energiedosis D ist der Quotient aus ΔE_D, der auf das Volumenelement ΔV des Materials übertragenen Energie, und der in ihm enthaltenen Masse $\Delta m = \rho \cdot \Delta V$, wobei ρ die Materialdichte bezeichnet.

$$D = \frac{\Delta E_D}{\Delta m} = \frac{1}{\rho} \cdot \frac{\Delta E_D}{\Delta V} \, . \qquad\qquad (7.2)$$

Die SI-Einheit der Energiedosis ist das Joule durch Kilogramm, sie trägt den besonderen Namen Gray (1 Gy = 1 J/kg). Als besondere Einheit der Energiedosis wird daneben das Rad (Radiation absorbed dose), abgekürzt rd, verwendet. Es ist exakt (per Definition!)

$$1 \text{ rd} = 0,01 \text{ Gy} = 100 \text{ erg/g} \, .$$

Die Energiedosisleistung $\dot{D}$ ist der Differentialquotient der Energiedosis nach der Zeit:

$$\dot{D} = \frac{\Delta D}{\Delta t} \, , \quad \Delta t \to 0 \, . \qquad\qquad (7.3)$$

Bei von der Zeit unabhängigen Verhältnissen ist $\dot{D} = D/t$. Die SI-Einheit der Energiedosisleistung ist das Watt durch Kilogramm (W/kg = Gy/s). Als besondere Einheiten werden verwendet Rad durch Sekunde (rd/s), Rad durch Minute (rd/min), Rad durch Stunde (rd/h). Es gilt exakt die Umrechnung

$$1 \text{ rd/s} = 0,01 \text{ W/kg} \, .$$

7.2.2 Ist ΔE_K die Summe der Anfangswerte der kinetischen Energien aller geladenen Teilchen, die von indirekt ionisierender Strahlung in einem Volumenelement ΔV in dem Material freigesetzt werden, und ist $\Delta m = \rho \cdot \Delta V$ die Masse in dem Volumenelement, so ist die Kerma K (Kinetic energy released in material)

$$K = \frac{\Delta E_K}{\Delta m} = \frac{1}{\rho} \cdot \frac{\Delta E_K}{\Delta v} \, . \qquad\qquad (7.4)$$

Die SI-Einheit der Kerma ist das Joule durch Kilogramm (J/kg). Als besondere Einheit wird das Rad (abgekürzt rd) verwendet, es gilt per Definition exakt

$$1 \text{ rd} = 0,01 \text{ J/kg} \, .$$

Die Kermaleistung ist der Differentialquotient der Kerma nach der Zeit:

$$\dot{K} = \frac{\Delta K}{\Delta t} \, , \quad \Delta t \to 0 \, . \qquad\qquad (7.5)$$

Bei von der Zeit unabhängigen Verhältnissen ist $\dot{K} = K/t$. Die SI-Einheit der Kermaleistung ist das Watt durch Kilogramm (W/kg), besondere Einheiten das Rad durch Sekunde (rd/s), Rad durch Minute (rd/min), Rad durch Stunde (rd/h), es ist exakt

$$1 \text{ rd/s} = 0,01 \text{ W/kg}) \ .$$

7.2.3 Ist ΔQ der Betrag der Ladung eines Vorzeichens der Ionen, die in Luft von der ionisierenden Strahlung erzeugt wird und ist in dem Volumenelement ΔV die Masse der Luft $\Delta m_L = \rho_L \cdot \Delta V$ (ρ_L Dichte der Luft), so ist die Ionendosis J

$$J = \frac{\Delta Q}{\Delta m_L} = \frac{1}{\rho_L} \cdot \frac{\Delta Q}{\Delta V} \ . \tag{7.6}$$

Die SI-Einheit der Ionendosis ist das Coulomb durch Kilogramm (C/kg). Als besondere Einheit der Ionendosis wird das Röntgen (Kurzzeichen R) verwendet, es gilt durch gesetzliche Festlegung

$$1 \text{ R} = 2,58 \cdot 10^{-4} \text{ C/kg} \ .$$

Die Ionendosisleistung $\dot{J}$ ist der Differentialquotient der Ionendosis nach der Zeit

$$\dot{J} = \frac{\Delta J}{\Delta t} \ , \quad \Delta t \to 0 \ . \tag{7.7}$$

Für zeitlich konstante Verhältnisse gilt $\dot{J} = J/t$. Die SI-Einheit der Ionendosisleistung ist das Ampere durch Kilogramm (A/kg), als besondere Einheiten werden verwendet das Röntgen durch Sekunde (R/s), Röntgen durch Minute (R/min), Röntgen durch Stunde (R/h), es gilt durch Festsetzung exakt

$$1 \text{ R/s} = 2,58 \cdot 10^{-4} \text{ A/kg} \ .$$

7.2.4 Die Äquivalentdosis D_q ist das Produkt aus der Energiedosis D und einem Bewertungsfaktor Q der Dimension 1:

$$D_q = Q \cdot D \ . \tag{7.8}$$

Die SI-Einheit der Äquivalentdosis ist das Joule durch Kilogramm, sie trägt den besonderen Namen Sievers (J/kg = Sv). Als besondere Einheit wird das Rem (Kurzzeichen rem, von Rad equivalent man) verwendet. Es gilt

$$1 \text{ rem} = 0,01 \text{ Sv} \ .$$

Strahlenart	Q
Elektronen, Positronen Röntgenstrahlen, γ-Strahlen	1
Thermische Neutronen	1 ... 3
Neutronen, Protonen mit 1 MeV	10
α-Teilchen, schwere Ionen	20

Tab. 7.1 Qualitätsfaktor Q zur Abschätzung der Äquivalentdosis D_q bei verschiedenen Strahlenarten.

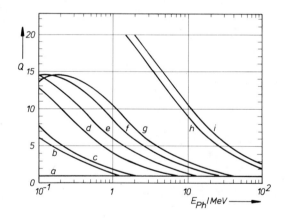

Fig. 7.1 Abhängigkeit des Qualitätsfaktors Q geladener Teilchen von ihrer kinetischen Energie E zur Berechnung der Äquivalentdosis D_q nach Anlage XIV der Strahlenschutzverordnung vom 13. Oktober 1976.

a) Elektronen (Röntgen- und Gammastrahlung), b) μ-Mesonen, c) π-Mesonen, d) K-Mesonen, e) Protonen, f) Deuteronen, g) Tritonen, h) He-3-Ionen, i) α-Teilchen.

Den Begriff der Äquivalentdosis hat man in die Dosimetrie eingeführt, um die unterschiedliche biologische Wirksamkeit gleicher Energiedosen verschiedener ionisierender Strahlung im Strahlenschutz berücksichtigen zu können. Er dient ausschließlich Strahlenschutzzwecken. Dazu wird der Energiedosis über den Bewertungsfaktor Q eine Äquivalentdosis zugeordnet. Sie ist der von einer Bezugsstrahlung (zur Zeit 200kV-Röntgenstrahlung) erzeugten Energiedosis gleich, welche die gleiche Strahlengefährdung herbeiführt wie die von der interessierenden Strahlung erzeugte Energiedosis D.

Die Äquivalentdosis ist der direkten Messung nicht zugänglich, sie muß aus der Energiedosis berechnet werden. Die Faktoren Q für verschiedene Strahlenarten, die auch von der Energie der Strahlung abhängig sind, werden durch Übereinkunft unter Berücksichtigung biologischer Erkenntnisse festgesetzt. Die Tabelle 7.1 gibt Anhaltswerte, ins Detail gehende Werte kann man der Strahlenschutzverordnung vom 13.10.1976 entnehmen, aus der die Fig. 7.1 stammt.

7.3 Meßgeräte

7.3.1 Leuchtschirme: Photonen wie auch Korpuskularstrahlen (z.B. Elektronen, Protonen usw.) ausreichender Energie können bestimmte Stoffe, sogenannte "Luminophore", zum Leuchten anregen. Die abgegebene Energie führt zur Anregung der Atome des Stoffes, bei der Rekombination wird sichtbares Licht ausgesandt. Es werden unterschieden

a) Fluoreszenz: Die Lichtemission erfolgt sehr schnell (innerhalb von Bruchteilen einer Sekunde) nach der Erregung des Stoffes. Beispiele sind Zinksulfid, Kalziumwolframat, Natriumjodid, Anthrazen.

b) Phosphoreszenz: Die aufgenommene Energie wird gespeichert und über einen längeren Zeitraum (bis zu Tagen) abgegeben.

Durch bestimmte Zusätze (z.B. Schwermetall-Atome) lassen sich die Eigenschaften der Luminophore in Bezug auf Abklingzeit und Spektrum (Farbe) des emittierten Lichtes beeinflussen und den Anwendungsbedürfnissen anpassen.

Leuchtschirme erlauben eine visuelle Beobachtung energiereicher Strahlung, als quantitatives Meßgerät sind sie allein nicht verwendbar. Leuchtschirme bestehen aus einer Trägerschicht (Karton, Kunststoffolie, Glas oder Plexiglas), der eigentlichen Leuchtmasse (Leuchtstoff), die durch eine geeignete Klebeschicht mit dem Träger verbunden wird, und einer Oberflächenschutzschicht. Bei lichtundurchlässigem Träger muß die Leuchtstoffschicht dem Beobachter zugewandt sein, bei Glas- und Plexiglasträger kann die Leuchtstoffschicht der Strahlenquelle zugewandt werden. Dies hat den Vorteil, daß weiche Strahlung (niederenergetische Strahlung) unmittelbar den Leuchtstoff trifft und nicht in der Unterlage eine intensitätsschwächende Vorabsorption erfährt. In Verbindung mit photographischen Filmen werden Leuchtschirme als Verstärkerfolien verwendet: Die hochenergetische Strahlung wird in niederenergetische Strahlung (sichtbares Licht) transformiert, für die der Film eine höhere Nachweisempfindlichkeit besitzt. Das Leuchtschirmbild wird durch Kontaktphotographie nachgewiesen. Verwendet man statt des Filmes eine Fernsehkamera, so erhält man eine weitere Steigerung der Empfindlichkeit, wie sie im Röntgen-Bildverstärker angewandt wird. Die Darstellung auf einem Fernseh-Monitor erlaubt eine Beobachtung des Bildes in unverdunkelten Räumen, auch von mehreren Personen gleichzeitig.

7.3.2 Photographische Filme bestehen meist aus Bromsilberkristallen (Durchmesser 0,2 μm bis 2 μm), die in eine Gelatineschicht eingebettet sind. Durch die Strahleneinwirkung wird die chemische Bindung des Silbers an das Brom gelockert, im Entwicklungs- und Fixierungsprozeß dann freies Silber gebildet, das die Schwärzung der Schicht (d.h. ihre Lichtundurchlässigkeit) bewirkt.

Zur Messung der Schwärzung wird ein Photometer benutzt. Dieses besteht aus einer Beleuchtungslampe und einer Photozelle zum Nachweis der Strahlungsintensität (Fig. 7.1). Es werden nacheinander zwei Messungen durchgeführt:

a) Der unbelichtete (aber entwickelte!) Film liefert den Photometerausschlag I_o.

b) Der belichtete (geschwärzte) Film liefert den Photometerausschlag I.

Fig. 7.2
Prinzip eines Photometers zur Messung der Schwärzung von photographischen Filmen.

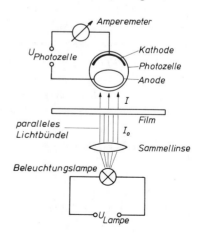

Die Schwärzung ist dann definiert als

$$S = \lg (I_o/I) \; . \tag{7.9}$$

Wenn also z.B. ein belichteter Film nur 1/100 des Ausschlages am Photometer bewirkt wie ein unbelichteter Film (nur 1% des belichteten Filmes ist noch lichtdurchlässig!), ist die Schwärzung

$$S = \lg \frac{I_o}{0,01 \cdot I_o} = \lg 10^2 = 2 \; .$$

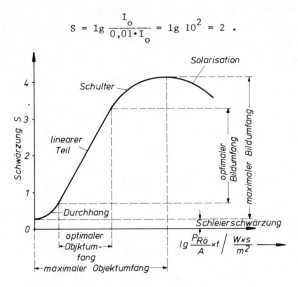

Fig. 7.3 Schwärzungskurve eines photographischen Filmes (schematisch).

Die Schwärzung eines photographischen Filmes ist abhängig von der auffallenden Strahlungsmenge. Je nach Fragestellung ist die Strahlungsmenge durch eine Größe des Strahlungsfeldes zu beschreiben (Intensität, Photonenstromdichte), oder aber, wenn es sich um Fragen der Dosimetrie handelt, um die dazu proportionale Dosisleistung. Die Schwärzung des Films ist eine Funktion des Produktes aus der pro Fläche auftreffenden Strahlungsleistung $P_{Rö}/A$ (Bestrahlungsstärke in Watt/m^2) und der Belichtungszeit t. Die Schwärzung einer photographischen Schicht ist also von der pro Fläche absorbierten Strahlungsenergie abhängig, sie ist von der Energie der Photonen abhängig. Wir können daher schreiben

$$S = f(\frac{P_{Rö}}{A} \cdot t) = f*(\dot{D} \cdot t) \; . \tag{7.10}$$

Einen typischen Verlauf der Schwärzungskurve gibt die Fig. 7.3. Der Film zeigt eine gewisse Grundschwärzung, die man als "Schleierschwärzung" bezeichnet. Sie wird durch die natürliche radioaktive Umweltstrahlung (Höhenstrahlung, Radium usw.), aber auch durch Temperatureinfluß hervorgerufen (frische Filme im Kühlschrank lagern!). Die Schwärzungskurve baut sich über der Schleierschwärzung als S-Kurve auf. In der gewählten Darstellung gibt es einen linearen Bereich, in dem also

$$S = \gamma \cdot \lg \left(\frac{P_{Rö}}{A} \cdot t \right) . \qquad (7.11)$$

Der Proportionalitätsfaktor γ wird Kontrastfaktor oder auch Gradation der Schicht genannt, er ist für den betreffenden Film charakteristisch, hängt aber auch von den Entwicklungsbedingungen ab. Die an den linearen Teil der Schwärzungskurve anschließenden Bereiche "Durchhang" und "Schulter" liefern in der photographischen Darstellung einen verminderten Kontrast, weil die Schwärzung nicht in dem Maße wie $\lg((P_{Rö}/A) \cdot t)$ wächst. Die Aufnahme zeigt weniger ausgeprägte Schwärzungsunterschiede, man bezeichnet sie als "flau", die Ursache liegt in Unter- bzw. Überbelichtung des Filmes. Bei Belichtungen mit hohen Bestrahlungsstärken zeigt der Film Solarisation, d.h. mit zunehmender Belichtung nimmt die Filmschwärzung wieder ab.

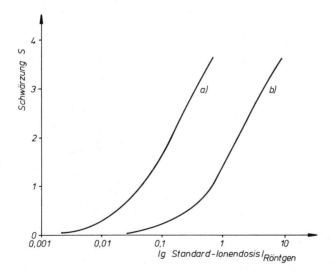

Fig. 7.4 Schwärzungskurven für einen Röntgenfilm der Kodak Ltd., England
  a) Röntgenstrahlung, 80 keV, Wolfram-Anode, Al-Filter
  b) γ-Strahlung von Co-60 (1,17 und 1,33 MeV)

Die Schwärzung des Filmes hängt von der Energie der Photonen ab, die während der Belichtungszeit in ihm zur Wechselwirkung kommen (Abb. 7.4). Der Film ist daher kein absolutes Dosimeter, seine Anzeige über die Schwärzung bedarf der Eichung. Das Verfahren wird als Sensitometrie bezeichnet.

Zwei verschiedene Methoden sind üblich: Änderung der Belichtung bei konstanter Bestrahlungsstärke über die Belichtungszeit (Zeitsensitometrie) oder bei konstanter Belichtungszeit über die Bestrahlungsstärke (Intensitätssensitometrie). Für Röntgenstrahlung sind beide Verfahren gleichbedeutend und liefern gleiche Resultate, für sichtbares Licht (und damit auch für die Röntgenphotographie in Verbindung mit Verstärkerfolien) ergeben sich Abweichungen.

Trägt man für eine feste Bestrahlungsdosis die Schwärzung des Filmes in Abhängigkeit von der Photonenenergie E_{ph} auf, so erhält man eine Darstellung, die man als Enrgieabhängigkeit der Filmempfindlichkeit bezeichnet. Die Fig. 7.5 zeigt schematisch den typischen Verlauf: Eine ausgeprägt hohe Empfindlichkeit für Photonen im 100 keV-Bereich, einen starken Abfall zu niedrigeren Energien sowie eine recht gute Energieunabhängigkeit der Schwärzung für $E_{ph} > 0,4$ MeV. Durch geeignete Filter läßt sich bei Bedarf die "Überempfindlichkeit" im 100 keV-Bereich reduzieren.

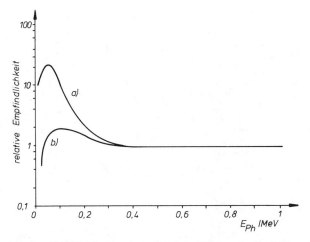

Fig. 7.5 Relative Empfindlichkeit eines Röntgenfilms als Funktion der Photonenenergie.
a) Film allein,
b) Film mit einem 1 mm Kadmium-Filter.

Nach dem gesagten können wir zusammenfassen: Die Schwärzung des Filmes ist von der Bestrahlungsstärke oder von der Bestrahlungsdosis abhängig. Insofern ist der Film zur Dosismessung geeignet. Wegen der Abhängigkeit der Schwärzung S von der Photonenenergie E_{Ph} ist für die gegebenen Verhältnisse eine Eichung des Filmes notwendig, die auf die spektrale Strahlungszusammensetzung Bezug nehmen muß.

Wenn auch die Filmdosimetrie ein aufwendiges Meßverfahren darstellt, mit dem sich Genauigkeiten von besser als 20% kaum erreichen lassen, ein Vorzug des Filmes verdient besondere Beachtung: Die gespeicherten Meßdaten sind auch noch nach vielen Jahren rekonstruierbar; deshalb seine weite Verbreitung in der Personendosimetrie im Strahlenschutz.

7.3.3 Die mit Luft gefüllte <u>Ionisationskammer</u> ist das fundamentale Gerät zur Messung der <u>Standard-Ionendosis</u> J_s. Dies ist die Ionendosis, die von einer Photonenstrahlung in einem Volumenelement bei Sekundärelektronen-Gleichgewicht frei in Luft erzeugt wird.

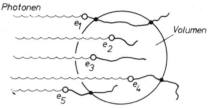

Fig. 7.6
Zur Definition des Sekundärelektronen-Gleichgewichts.
Die Elektronen e_2 und e_3 liefern ihre gesamte Energie im Meßvolumen ΔV ab, e_4 transportiert einen Teil der kinetischen Energie nach außen, e_1 und e_5 liefern Zugewinn.

Die Forderung des Sekundärelektronen-Gleichgewichtes in der Definition der Standard-Ionendosis ist notwendig, um die experimentellen Bedingungen zu ihrer Messung eindeutig festlegen zu können: Die von der Strahlung erzeugten Sekundärelektronen verbleiben nicht immer in dem betrachteten Volumenelement, ein Teil verläßt dieses und transportiert kinetische Energie nach draußen. Auf der anderen Seite werden Elektronen, die in benachbartem Material erzeugt werden, in das Volumenelement eintreten und damit kinetische Energie hineintransportieren. Ist die Sume der eintretenden Energie gleich der Summe der austretenden, spricht man von Sekundärelektronen-Gleichgewicht. Die Fig. 7.6 veranschaulicht den Sachverhalt.

In der Fig. 7.7 ist schematisch eine Parallelplatten-Iqnisationskammer dargestellt. Ein Blende begrenzt den in die Kammer eintretenden Photonenstrahl derart, daß die im Kammervolumen entstehenden Elektronen die Platten nicht erreichen können, um die Produktion von Sekundärelektronen an ihren Oberflächen zu vermeiden (Abstand größer R_{max}, der maximalen Reichweite der Elektronen). Die Sammelelektrode der Kammer wird von zwei Schutzelektroden umgeben:

Sie sorgen für ein homogenes Feld im Bereich des Meßvolumens ΔV und verhindern, daß Elektronen von der strahlbegrenzenden Blende und den Wänden die Sammelelektrode treffen und das Ergebnis verfälschen.

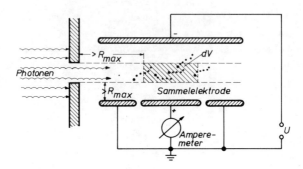

Fig. 7.7 Schema einer Parallelplatten-Ionisationskammer zur Messung der Standard-Ionendosis. R_{max} maximale Reichweite der durch die Strahlung erzeugten Elektronen, ΔV Meßvolumen mit Sekundärelektronen-Gleichgewicht.

Der mit dem Amperemeter gemessene Strom I ist der im Meßvolumen ΔV erzeugten Dosisleistung proportional:

$$\dot{J} = \alpha \cdot I \ . \tag{7.12}$$

Bei fester Einstrahlung (konstante Ionendosisleistung) nimmt der Strom durch die Kammer mit wachsender Elektrodenspannung U von Null beginnend zunächst zu (Strom-Spannungs-Charakteristik, Fig. 7.8). Die Ursache hierfür liegt darin, daß durch die Strahlung entstehende Ladungsträger - Ionen und Elektronen -

Fig. 7.8
Strom-Spannungs-Charakteristik
einer Ionisationskammer für zwei
verschiedene Ionendosis-Leistungen $\dot{J}$.

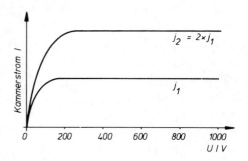

durch schwache elektrische Felder im Luftkondensator nicht schnell genug getrennt werden und sich daher wieder vereinigen können (Rekombination). Es schließt sich ein Bereich an, in dem sich der Strom mit wachsender Spannung nicht mehr erhöht: Alle von der Strahlung erzeugten Ladungsträger werden zu den Elektroden abgesaugt. Die untere Grenze dieses Bereiches, in dem die Kurve (nahezu) horizontal verläuft, heißt Sättigungsspannung. Bei großer Ionendosisleistung liegt die Sättigungsspannung höher als für kleine Ionendosisleistungen.

Die Unabhängigkeit des Kammerstromes von der Spannung läßt eine unmittelbare Messung der Ionendosis zu: Die Ionisationskammer wird auf eine Spannung, die über der Sättigungsspannung im horizontalen Bereich der Charakteristik liegt, aufgeladen und mit Hilfe eines Schalters von der Spannungsquelle getrennt. Als Meßinstrument verwendet man statt des Amperemeters ein elektrostatisches Elektrometer (Fadenelektrometer, Quadrantenelektrometer). Mit solch einem Gerät läßt sich die Spannung an der Kammer messen, ohne daß (wie beim Drehspul-Instrument) ein Strom fließt, der eine Entladung der Kammer verursachen und eine zu große Ionendosis vortäuschen würde. Eine Änderung der Ladung ΔQ auf einem Kondensator mit der Kapazität C verursacht eine Änderung seiner Spannung ΔU:

$$\Delta Q = C \cdot \Delta U . \qquad (7.13)$$

Da die Stromstärke I gleich der pro Zeit fließenden Ladung ist ($I = \Delta Q/\Delta t$), erhält man aus

$$\dot{J} = \alpha \cdot I = \alpha \cdot \frac{\Delta Q}{\Delta t} = \alpha \cdot \frac{C \cdot \Delta U}{\Delta t} \qquad (7.14)$$

mit $J = \dot{J} \cdot \Delta t$ schließlich

$$J = \alpha \cdot C \cdot \Delta U . \qquad (7.15)$$

Die Ionendosis ergibt sich mit der Kammerkonstante α und der Kammerkapazität C unmittelbar aus der Spannungsänderung ΔU zwischen den Elektroden. Die Spannung darf die Sättigungsspannung nicht unterschreiten.

Die Parallelplatten-Ionisationskammer ist für höhere Photonenenergien unhandlich, da dann die Reichweite der erzeugten Elektronen groß wird (vgl. Fig. 8.1) und die Reichweitebedingung sehr große Kammern notwendig macht. So müßte eine Kammer zur Messung der γ-Strahlung des Radiums im Gleichgewicht mit seinen Tochterprodukten zur Herstellung des Elektronengleichgewichtes einen Plattenabstand von 3 Metern und eine Länge von 7 Metern besitzen. Im normalen Laborbetrieb hat sich daher die sogenannte

<u>Luftäquivalente Ionisationskammer</u> eingebürgert. Diese besteht aus einem nach außen abgeschlossenen Gasvolumen, die Kammerwand wird aus luftäquivalentem Material gebildet. Luftäquivalentes Material liegt vor, wenn dessen effektive Ordnungszahl, die ja die Wechselwirkung der Strahlung im Absorbermaterial wesentlich mitbestimmt, ebenso groß ist wie die der Luft (Z = 7,7). Man verwendet hierfür organische Materialien (Polysterol, Nylon) mit Beimengungen von Graphit und Silizium. Durch Graphitüberzüge erreicht man die notwendige elektrische Leitfähigkeit der Elektroden.

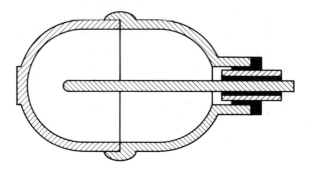

Fig. 7.9 Ionisationskammer mit luftäquivalenten Wänden (Z = 7,7) zur Messung der Standard-Ionendosis.
Schraffiert: Luftäquivalentes Material mit leitender Oberfläche (Graphit). Schwarz: Isolatoren.

Da in den Kammerwänden der Energieumwandlungskoeffizient η_K (vgl. Abschn. 6.7) wegen der größeren Dichte des Materials (gegenüber Luft etwa der Faktor 1000!) erheblich größer ist als der für Luft η_L, wird auch erheblich mehr Strahlungsenergie in kinetische Energie der Elektronen umgesetzt. Ohne besondere Vorkehrungen würde die Kammer eine zu große Ionendosis anzeigen. Man muß deshalb dafür sorgen, daß die in der Kammerwand entstehenden Elektronen in dem Maße abgebremst werden und z.T. dort verbleiben, daß sie im Kammervolumen die gleiche Ionisierung bewirken, als wäre die Kammer von einer (unendlich) dicken Luftwand umgeben. Bezeichnen S_W und S_L das Bremsvermögen für Elektronen in der Wand bzw. in der Luft, so muß

$$\eta_W \, / \, S_W \; = \; \eta_L \, / \, S_L \qquad\qquad (7.16)$$

sein. Außerdem muß die Dicke der luftäquivalenten Kammerwand größer sein als die maximale Reichweite der Sekundärelektronen: Die außerhalb der Kammerwand erzeugten Elektronen dürfen in das innere Luftvolumen nicht eintreten. Der größte Durchmesser der Kammer soll klein gegen die Halbwertschichtdicke des Füllgases für Röntgenstrahlen sein, aber auch klein gegen die Reichweite der

Elektronen im Füllgas. Diese Bedingungen führen zu sehr kleinen Kammern (Fingerhutkammern), sie lassen sich jedoch nur jeweils für bestimmte Energiebereiche der Photonen realisieren. Der Energiebereich, für den die Kammer bestimmt ist, ist meist auf ihr angegeben.

7.3.4 Während im elektrischen Feld der Ionisationskammer die Ladungsträger nur mäßig beschleunigt werden, um sie - ohne weitere Ionisierungen - zu den Elektroden zu transportieren, wählt man beim Zählrohr die Betriebsbedingungen so, daß die durch die ionisierende Strahlung erzeugten Elektronen aus dem elektrischen Feld im Zählrohr so viel Energie aufnehmen können, daß ihre kinetische Energie bei Stößen mit den Atomen oder Molekülen des Zählrohrgases ausreicht, weitere Ionisierungsprozesse zu bewirken. Dadurch bildet sich eine Ladungslawine aus: Nach dem 1. Stoß hat man zu dem Primärelektron ein weiteres, haben diese beiden Elektronen soviel Energie aufgenommen, daß sie ionisieren können, erhält man in der nächsten Generation eine weitere Verdoppelung, und so fort, bis aus dem ersten Elektron tausend oder gar noch mehr Elektronen geworden sind. Mit dieser Gasmultiplikation der Ladung wird die Nachweisempfindlichkeit des Zählrohres gegenüber der Ionisationskammer erheblich gesteigert, es gelingt, einzelne Quanten nachzuweisen.

In den meisten Fällen besteht ein Zählrohr aus einem Zylinderkondensator. Der Mantel des Rohres bildet die (meist auf Erdpotential liegende) Kathode (negative Elektrode), ein dünner Draht in der Achse des Zylinders die Anode (positive Elektrode). Wird durch ionisierende Strahlung im Zählrohr eine Entladung ausgelöst, fließt in ihm kurzzeitig ein Strom, der sich über einen Arbeitswiderstand und das Hochspannungsnetzgerät zu einem Stromkreis schließt. Der kurzzeitige Stromstoß führt an dem Arbeitswiderstand (nach dem Ohm'schen Gesetz U = I·R) zu einem Spannungsabfall, d.h. zu einer Änderung ΔU der Spannung des Zählrohrdrahtes. Diese kurzzeitige Änderung, die man als Spannungsimpuls bezeichnet, wird über einen Koppelkondensator zur weiteren elektronischen Verar-

Fig. 7.10
Bildung einer Ladungslawine in einem
Zählrohrgas durch Sekundärionisationen.

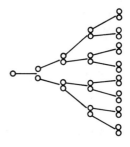

beitung an einen Verstärker mit nachfolgendem Zähler übertragen. Die Einschaltung eines Koppelkondensators ist notwendig, da sonst die für den Betrieb des Zählrohres notwendige Hochspannung unmittelbar am Verstärkereingang läge und ihn deshalb zerstörte.

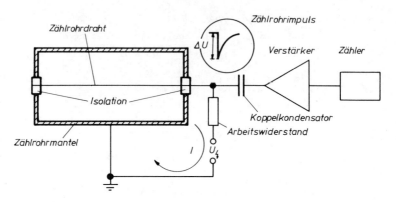

Fig. 7.11 Schema eines Zählrohres mit Ankoppelung an die nachfolgende Elektronik.

In der Praxis sind Zählrohre mit einem Metallmantel aus Kupfer, Eisen, Aluminium, aber auch aus anderem Material ausgestattet, zum Teil werden innen metallisierte Glaszylinder verwendet. Als Zähldraht werden dünne Metalldrähte aus Wolfram, Molybdän und Eisen (bei Proportionalzählrohren z.T. weniger als 50 μm) verwendet. Damit erreicht man vor allem in der Nähe der Zähldrähte hohe elektrische Feldstärken und damit eine Ausbildung der Elektronenlawinen in ihrer Nähe. So wird der Vervielfachungsprozeß mit seinem Verstärkungsgewinn weitgehend unabhängig von dem Ort, an dem das Quant eine Primärionisation bewirkt hat. Zählrohre sind auf Grund ihrer Empfindlichkeit in der Lage, einzelne ionisierende Teilchen, also auch Elektronen und α-Teilchen nachzuweisen, wenn sie nur in das aktive Volumen gelangen können. Für den Nachweis dieser Teilchen wie auch für niederenergetische (weiche) Röntgenstrahlung werden Zählrohre verwendet, deren eine Stirnseite mit einer sehr dünnen Folie aus einem Material niedriger Ordnungszahl (geringe Schwächung!) ausgestattet ist. Eine übliche Anordnung sind die Endfensterzählrohre (Fig. 7.12).

Beim praktischen Aufbau der Zählrohre werden als Fenstermaterial Glimmer, den man in Massenbedeckungen bis herab zu 2 mg/cm^2 (entsprechende Dicke ca. 10 μm) spalten kann oder Kunststoff-Folien (Nylon, Mylar = Hostaphan), mit denen man Massenbedeckungen bis herab zu 0,3 mg/cm^2 realisieren kann, verwendet.

Als Füllgas werden häufig Edelgase verwendet, denen man geeignete Substanzen beimengt, um die Zählrohreigenschaften zu verbessern und zu stabilisieren.

90% Argon mit 10% Methan

96% Helium mit 4% Isobuthan .

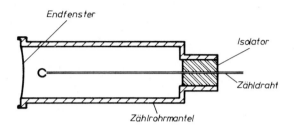

Fig. 7.12 Endfensterzählrohr zur Messung von weicher Röntgenstrahlung, Elektronen und α-Teilchen. Die Stirnseite des Metallzylinders ist mit einer dünnen Folie, durch die die Strahlung in das Zählrohr eintreten kann, abgeschlossen.

Zum Löschen der Zählrohrentladung sind weitere Zusätze notwendig. Durch die in der Entladung entstehenden Ionen, aber auch durch in ihr entstehendes ultraviolettes Licht können aus der Zählrohrwand (Kathode) Sekundärelektronen freigesetzt werden, die die Entladung unabhängig von ionisierender Strahlung aufrecherhalten. Man vermeidet dies durch Beimengungen von Alkohol, Brom- oder Joddampf, auch Chlorgas wird hierfür verwendet. Die Löschzusätze verbrauchen sich beim Betrieb des Zählrohres, weshalb abgeschlossene Zählrohre nach bestimmter Betriebszeit unbrauchbar werden. Sogenannte Durchflußzählrohre vermeiden diesen Nachteil: Man läßt aus einer Vorratsflasche ständig frisches Zählgas durch das Zählrohr strömen und kann so bei gleichmäßig optimalen Betriebsbedingungen arbeiten. Bei tragbaren Zählgeräten für den mobilen Einsatz (Strahlenschutz) ist dieses Verfahren jedoch umständlich und unbequem.

Die Spannungsamplitude ΔU des am Arbeitswiderstand entstehenden Impulses ist von der Spannung abhängig, die an den Zähldraht gelegt wird. Man kann den Sachverhalt in einer sogenannten Impulshöhencharakteristik darstellen (Impulshöhe als Funktion der Zählrohrspannung, Fig. 7.13).

Bei niedrigen Spannungen verhält sich das Zählrohr wie eine Ionisationskammer: An einen Rekombinationsbereich, in dem nicht alle von der ionisierenden Strahlung erzeugten Ladungsträger an die Elektroden gelangen, weil sie teilweise vorher wieder rekombinieren, schließt sich der sogenannte Sättigungsbereich an, in dem alle gebildeten Ladungsträger an die Elektroden gelangen, ohne daß eine Ladungsträger-Vervielfachung durch Gasverstärkung eintritt. Die Impulshöhe ist sehr klein, jedoch unabhängig von der Zählrohrspannung (Plateau).

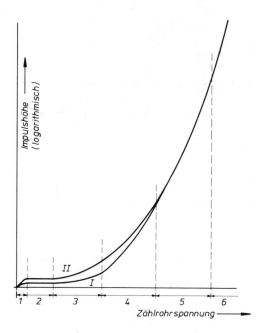

Fig. 7.13 Impulshöhencharakteristik von Zählrohren für zwei verschiedene Photonenenergien E_{Ph} (nicht maßstäblich).

  Kurve I: $E_{Ph} = E$,   Kurve II: $E_{Ph} = 2 \cdot E$
  Bereiche: 1: Rekombinations-Bereich
              2: Sättigungs-Bereich (Ionisationskammer)
              3: Proportional-Bereich
              4: Übergangsbereich
              5: Auslöse-Bereich (Geiger-Müller-Bereich)
              6: Beginn selbständiger (Dauer-) Entladung

In dem anschließenden Bereich setzt die Gasverstärkung ein, und zwar zunächst unabhängig von der Zahl der primär erzeugten Ladungsträger. Für eine feste Zählrohrspannung ist die Impulsamplitude proportional zu der durch Quant oder Teilchen primär erzeugten Ladung, deshalb werden Zählrohre, die in diesem Arbeitsbereich betrieben werden, Proportionalzählrohre genannt. Da die Zahl der primär erzeugten Ladungsträger proportional zur Energie des auslösenden Quants oder Teilchens ist, lassen sich neben der Zahl N der Ereignisse auch die Energien ermitteln, womit alle Informationen für eine Dosisberechnung zur Verfügung stehen (vgl. Abschn. 7.4).

An den Proportionalbereich schließt sich an einen meßtechnisch bedeutungslosen Übergangsbereich der sogenannte Auslösebereich. In diesem Bereich wird die Gasverstärkung so hoch getrieben, daß die entstehenden Elektronenlawinen sich gegenseitig behindern. Dies hat zur Folge, daß die den Zähldraht erreichende Ladung unabhängig von der Zahl der primär erzeugten Ladungsträger ist. Damit läßt sich die Art der Strahlen und deren Energie nicht mehr unterscheiden, die Impulshöhen sind alle gleich (jedoch abhängig von der eingestellten Zählrohr-spannung). Das einzelne Quant oder Teilchen löst bei fest eingestellter Zähl-rohrspannung einen einheitlichen Impuls am Arbeitswiderstand aus. Zählrohre, die in diesem Arbeitsbereich betrieben werden, heißen <u>Auslösezählrohre</u> oder <u>Geiger-Müller-Zählrohre</u>. Mit ihnen läßt sich nach dem gesagten die Zahl N der das Zählrohr treffen Teilchen oder Quanten messen, nicht jedoch ihre Energien. Will man diese Zählrohre in Dosismeßgeräten einsetzen (und in tragbaren Monito-ren wird dies häufig getan), ist ähnlich wie beim photographischen Film ihre Energieabhängigkeit durch eine Eichkurve zu berücksichtigen.

7.3.5 Das Kernstück des <u>Szintillationszählers</u> bildet ein Szintillationskri-stall, ein Leuchtstoff also, der die Energie der ionisierenden Strahlung in sichtbares Licht (hier meist blaues bis violettes Licht) umwandelt. Während jedoch die visuelle Betrachtung eines Leuchtschirmes mit seinen unzähligen kleinen Kristallen nur einen qualitativen Nachweis der Strahlung gestattet, lassen sich mit dem Szintillationszähler quantitative Messungen durchführen. Dazu wird das entstehende sichtbare Licht möglichst vollständig auf die Photo-kathode eines Sekundärelektronen-Vervielfachers (SEV) geführt. Im Anschluß an die englische Bezeichnung wird dieser auch Photomultiplier oder kurz Multi-plier genannt. Er ist im Prinzip eine Photozelle mit verstärkenden Zwischen-elektroden, den Pralldynoden. Durch das sichtbare Licht des Szintillators werden aus der (halbdurchsichtigen) Photokathode Elektronen freigesetzt (1 Elektron pro 5 - 6 Lichtquanten, d.h. Ausbeute etwa 20%). Der ersten Prall-dynode gibt man eine Spannung von etwa 100 Volt gegen die Kathode. Die durch das Licht freigesetzten Elektronen werden auf sie hin beschleunigt und treffen sie mit einer Energie von 100 eV. Bei Wahl eines geeigneten Dynodenmaterials (CsSb, BeCu) kann jedes einzelne Elektron mehrere Sekundärelektronen (im Mittel $\bar{\delta}$) freisetzen. Gibt man einer zweiten Dynode eine Spannung von etwa 100 Volt gegenüber der ersten, d.h. von 200 Volt gegenüber der Kathode, so werden die aus der 1. Dynode freigesetzten Sekundärelektronen auf die 2. beschleunigt und können bei einer Auftreffenergie von ca. 100 eV pro Elektron wieder im Mittel $\bar{\delta}$ Sekundärelektronen erzeugen. Dieses Verfahren wird fortgesetzt: An jeder Stufe wird die Zahl der vorhandenen Elektronen um den Faktor $\bar{\delta}$ vergrößert, so daß bei insgesamt n Stufen und N durch den Lichtblitz des Szintillatorkristalles an der Photokathode ausgelösten Photoelektronen schließlich

$$M = N \cdot \bar{\delta} \cdot \bar{\delta} \cdot \ldots \cdot \bar{\delta} \cdot \bar{\delta} = N \cdot (\bar{\delta})^n$$

n Glieder

Elektronen die Anode treffen. Man nennt

$$V = (\bar{\delta})^n \qquad (7.17)$$

die Verstärkung des Multipliers. Es lassen sich bei n = 10 bis 12 Stufen leicht Werte von $V = 10^6$ und mehr erreichen.

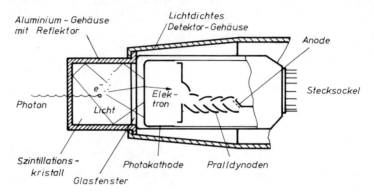

Fig. 7.14 Prinzip eines Szintillationsdetektors.

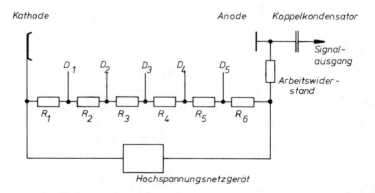

Fig. 7.15 Spannungsteiler für die Versorgung eines Photomultiplier mit den notwendigen Dynodenspannungen (gezeichnet n = 5 Stufen) und Auskopplung des Signals zur weiterverarbeitenden Elektronik (Verstärker, Zähler).

Die Anode des Photomultipliers übernimmt die Funktion des Zähldrahtes beim Zählrohr. Die gesammelte Ladung wird über einen Arbeitswiderstand zum Netzgerät geführt. Durch den Stromstoß entsteht ein Spannungsimpuls, der zur weiteren Verarbeitung über einen Koppelkondensator (Abblockung der Hochspannung) der weiterverarbeitenden Elektronik zugeführt wird.

An die Dynoden des Multipliers sind Spannungen von etwa 100, 200, 300 ... Volt zu legen. Dazu benutzt man einen Spannungsteiler: Das Hochspannungsgerät (Größenordnung 1000 Volt) liefert durch eine Widerstandskette einen Strom. An jedem Widerstand fält nach dem Ohm'schen Gesetz eine Spannung U = I·R ab, die Teilspannungen werden abgegriffen und über den Stecksockel des Multipliers an die Dynoden gelegt (Fig. 7.14 und 7.15).

Als Szintillatoren werden organische wie auch anorganische Materialien verwendet. Sie müssen klar durchsichtig sein (Einkristalle, Flüssigkeiten), damit das Licht ohne Absorption die Kathode des Multipliers erreichen kann. Sie sind mit einer lichtundurchlässigen Umhüllung versehen, damit sichtbares Licht der Umgebung den Photomultiplier nicht ansprechen läßt. Zur Kathode des Multipliers wird die Ummantelung des Szintillationskristalls mit einem Glasfenster abgeschlossen, das zur Vermeidung von Reflexionsverlusten mit Silikonöl (Brechungsindex wie der des Glases) auf den Glaskolben des Multipliers geklebt wird. Um die im Szintillator entstehende (sichtbare) Strahlung möglichst quantitativ auf die Photokathode des Photomultipliers zu überführen, werden die Szintillatorumhüllungen innen mit einem gut reflektierenden Material (Aluminiumfolie, Aluminium- oder Magnesiumoxyd) versehen. Der Nachweis niederenergetischer Photonen oder Elektronen erfordert dünne Eintrittsfenster an der

Leuchtstoff	Emissions-maximum (nm)	Physikal. Ausbeute (Prozent)	Abkling-zeit (ns)	Dichte g/cm^3	Bemerkungen
Natriumjodid aktiviert mit Thallium	410	10	250	3,67	Z groß, hygroskopisch
Anthrazen	440	4,8	36	1,25	nur kleine Kristalle
Transstilben	410	2,9	6	1,16	
100 g Poly-vinyltoluol, 4 g Terphenyl und 0,1 g Diphenylstilben	380	2,3	3	ca. 1,0	sehr große (Plastik-) Szintillatoren Z klein

Tab. 7.2 Physikalische Eigenschaften einiger Szintillationsmaterialien.

Stirnseite des Kristalls. Es werden häufig Beryllium-Folien (Z = 4 (!), Dicke
unter 0,2 mm) verwendet.

Es werden sehr verschiedene Materialien als Szintillatorkristalle verwendet
(Tab. 7.2). Thalliumaktiviertes Natriumjodid (NaJ(Tl)) hat von allen Szintillatoren die höchste physikalische Ausbeute. Darunter versteht man das Verhältnis
der in Form von Lichtquanten emittierten Energie zur Energie des absorbierten
Photons oder Teilchens. Durch atmosphärischen Wasserdampf verfärbt sich der
Kristall, er wird gelblich und die Ausbeute verringert sich. Deswegen muß er
sorgfältig licht- und feuchtigkeitsdicht gekapselt werden. Die große Dichte
von NaJ (Tl) sowie seine große effektive Ordnungszahl (Jod, Z = 53) bewirken
einen großen Schwächungskoeffizienten auch für hochenergetische Photonenstrahlung. Deshalb wird NaJ (Tl) bevorzugt für Messungen eingesetzt, bei denen es
auf hohe und bekannte Nachweisempfindlichkeit ankommt.

Die anderen angeführten Szintillationsmaterialien unterscheiden sich von NaJ
(Tl) vor allem durch die wesentlich kürzeren Abklingzeiten. Diese bestimmt die
Impulslänge am Detektorausgang. Bei Koinzidenzexperimenten, bei denen es
darauf ankommt, den Zeitpunkt zweier oder mehrerer Ereignisse genau zu ermitteln, sind diese von Vorteil.

Die Impulsamplitude am Ausgang des Szintillationszählers ist der Energie des
nachgewiesenen Teilchens oder Photons proportional. Wie beim Proportionalzählrohr lassen sich daher mit dem Szintillationszähler sowohl die Energie als
auch die Zahl der Ereignisse messen, womit für die Dosimetrie alle notwendigen
Informationen zur Verfügung stehen.

7.3.6 Halbleiterdetektoren sind vom Prinzip her Parallelplatten-Ionisationskam-
mern, in denen der Luftraum durch ein halbleitendes Material ersetzt ist.
Dieses besteht in der Regel aus Germanium- oder Siliziumeinkristallen. Zur
Produktion eines primären Ladungsträgerpaares werden bei Germanium 2,8 eV, bei
Lithium 3,55 eV benötigt, gegenüber Luft (34 eV) also ein etwa 10 mal kleine-
rer Wert. Dies bedeutet, daß bei vorgegebener Energie des Teilchens oder Strah-
lungsquants 10 mal soviel primäre Ladungspaare produziert werden, was für die
Energieauflösung (vgl. Abschn. 7.3.8) einen erheblichen Gewinn bedeutet. Da
wie in der Ionisationskammer bei den Halbleiterdetektoren keine Verstärkung
durch Ladungsträgerlawinen erfolgt, ist der Nachweis der einzelnen, durch
Strahlung verursachten Spannungsimpulse schwierig, da sie sehr klein sind.
Raffinierte Elektronik und Kühlung von Detektor und Vorverstärker mit flüssi-

gem Stickstoff (-195°C) zur Verminderung des thermischen Rauschens lösen dieses Problem. Da sich die erforderlichen Einkristalle nicht beliebig groß herstellen lassen, haben Halbleiterdetektoren für Röntgen- und γ-Strahlung gegenüber dem Szintillationsdetektor eine wesentlich geringere Nachweisempfindlichkeit (bis etwa 20%). In der Dosimetrie finden sie deshalb kaum Anwendung, wohl aber wegen ihrer hohen Energieauflösung zur Identifizierung unbekannter Strahlung.

7.3.7 <u>Dosimeter für die Personenüberwachung</u>: Die Strahlenschutzverordnung wie auch die Röntgenverordnung schreiben in ihren Schutzvorschriften bei Personen, die beruflich ionisierender Strahlung ausgesetzt sind, regelmäßige Dosiskontrollen vor. Der Gesetzgeber (Strahlenschutzverordnung § 63, Röntgenverordnung § 40) verlangt, daß die Messungen nach zwei unabhängigen Verfahren am Körper der berufstätigen Person vorzunehmen sind. Die eine Messung muß die jederzeitige Feststellung der Dosis ermöglichen, die andere ist mit Dosimetern durchzuführen, die von der nach Landesrecht zuständigen (Meß-)Stelle anzufordern und ihr in Zeitabständen von höchstens einem Monat zur Auswertung einzureichen sind. Die Aufzeichnungen der Meßwerte sind 30 Jahre aufzubewahren.

Die Dosimetrie zur Personenüberwachung verlangt demnach zunächst ein Meßverfahren, mit dem man unmittelbar eine unzulässige Dosisüberschreitung feststellen kann. Hierfür sind Taschendosimeter (auch Füllhalter- oder Stabdosimeter genannt) üblich, die nach dem Prinzip der Ionisationskammer arbeiten. Für die Dosiskontrolle über längere Zeiträume werden z. Zt. vornehmlich Filmdosimeter verwandt. Die als Schwärzung des photographischen Films gespeicherte Information der empfangenen Dosis kann über lange Zeiten dokumentarisch aufbewahrt werden. Moderne Entwicklungen zeigen die Tendenz, das Filmdosimeter durch das Glas- (Fluoreszenz-) Dosimeter zu ersetzen. In der Fig. 7.16 sind die derzeit verwendeten Verfahren zur Personendosimetrie schematisch zusammengestellt.

a) <u>Filmdosimeter</u>: Die gebräuchlichen Filmdosimeter bestehen aus einer Bakelit-
   kapsel (Filmplakette), in der sich zwei lichtdicht verpackte Filme befinden. Der eine Film hat für ionisierende Strahlung eine größere Empfindlichkeit als der andere. Auf diese Weise läßt sich der an sich geringe Meßumfang des Films (Schwärzung S < 3) erweitern. In die Vorder- und Rückwand
   der Filmplakette sind Metallfilter (Kupfer und Blei) eingelassen
   (Fig.7.17). Dies läßt Rückschlüsse auf die Strahlungszusammensetzung zu und
   ermöglicht eine Dosimetrie trotz der von der Photonenenergie abhängigen

Dosimeter	Messung		Meßwert

Film-dosimeter — Lichtdurchlässigkeit des Filmes

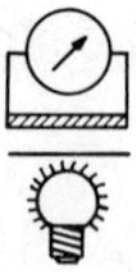

photographische Schwärzung

$$S = \lg(I_o/I) = f(D)$$

Stab-Dosimeter — Entladung der Kondensatorkammer

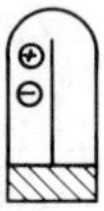

Entladung

$$\Delta U = (1/C) \cdot \Delta Q \sim D$$

Glas-Dosimeter — Fluoreszenzintensität bei Anregung mit ultraviolettem Licht

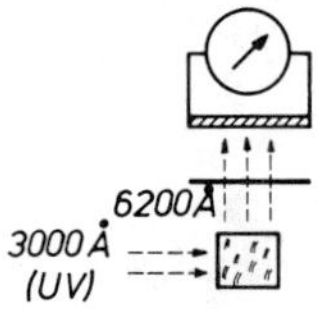

Fluoreszenz-intensität

$$F \sim D$$

6200Å
3000Å
(UV)

Thermo-lumineszenz-Dosimeter — Lichtausbeute beim Ausheizen

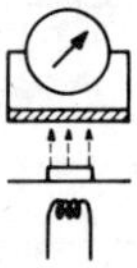

Lichtausbeute

$$L = \int I \cdot dt \sim D$$

Fig. 7.16 Meßprinzipien der für die Personenüberwachung verwendeten Dosimeter.

Fig. 7.17
Kunststoff-Kassette mit Metallfiltern zur Verwendung als Personen-Filmdosimeter.

Schraffiert Cu-Filter von 1,2 mm, 0,3 mm und 0,05 mm Dicke;
Schwarz Pb-Filter von 0,8 mm Dicke, in Vorder- und Rückteil der Plakette versetzt angebracht, um die Einfallsrichtung der Strahlung erkennbar zu machen.

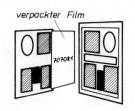

verpackter Film

Filmschwärzung. Dies sieht man deutlich an den Beispielen entwickelter Film-dosimeter in Fig. 7.18: Während für 70 kV-Röntgenstrahlung die in die Kassette eingelegten Filter deutliche Schwärzungsunterschiede bewirken, sind sie für die hochenergetische Kobaltstrahlung praktisch wirkungslos, der

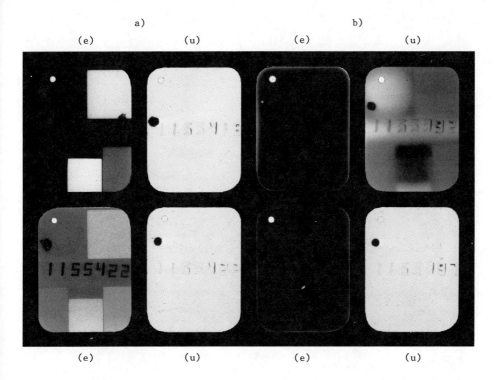

Fig. 7.18 Bestrahlte und entwickelte Filmdosimeter. Bei niederenergetischer Strahlung (links) erkennt man deutlich die Wirkung der verschiedenen Filter in der Filmplakette, während die Filter bei hochenergetischer Strahlung (rechts) fast wirkungslos bleiben (gleichmäßige Schwärzung). Eichfilme der GSF Neuherberg.

a) Bestrahlung mit Röntgenstrahlung, Anregungsenergie 70 kV.
b) Bestrahlung mit Kobalt-60 (1,17 und 1,33 MeV).

(e) Empfindlicher Film, (u) unempfindlicher Film.

oben: Bestrahlungs-Ionendosis 1 R = $2,58 \cdot 10^{-4}$ C/kg,
unten: Bestrahlungs-Ionendosis 50 mR = $1,29 \cdot 10^{-5}$ C/kg.

Film ist (fast) gleichmäßig schwarz. Außerdem erkennt man, wie durch verschieden empfindliche Filme der Meßbereich zu größeren Dosen erweitert wird. Die eingepreßte Filmnumerierung führt ebenfalls zu einer Schwärzung und läßt damit eine eindeutige Dokumentation des Filmdosimeters zu. Die Plaketten werden meist auf der Kleidung in Brusthöhe (z.B. Umschlag des Labormantels) getragen.

Bei der Bestrahlung der Person von hinten zeigt der ausgewertete Film eine zu geringe Körperdosis, da ein Teil der ionisierenden Strahlung im Körper absorbiert wird und das Dosimeter nicht erreicht (Fig. 7.19). Aus diesem

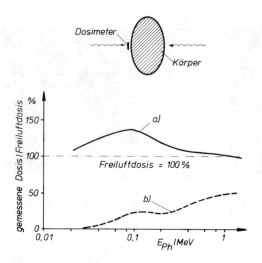

Fig. 7.19 Änderung der relativen Anzeige von Filmdosimetern bei Bestrahlung
von vorn und hinten (Absorption durch den Körper) als Funktion der
Photonenenergie.
a) Bestrahlung von der Vorderseite,
b) Bestrahlung von der Rückseite.

Grunde sind die Bleifilter in Vor- und Rückseite der Kassette in der Höhe
versetzt angebracht. So läßt sich aus der Lage des abgeschatteten Bereiches
die Einfallsrichtung der Strahlung erkennen und die gemessene Dosis wenn
nötig korrigieren.

Die untere Nachweisgrenze des Personen-Filmdosimeters liegt bei einer Ionendosis von $2 \cdot 10^{-6}$ C/kg (10 mR entsprechend 0,01 mSv oder 10 mrem). Bei
monatlicher Auswertung kann damit die jährlich zugelassene Höchstdosis von
5 mJ/kg (5 mSv oder 500 mrem) für Personen im Überwachungsbereich sowie für
Auszubildende unter 18 Jahren in Kontrollbereichen noch sicher nachgewiesen
werden.

Der vergleichsweise umständlichen Auswertung des Filmes und seiner begrenzten Genauigkeit und Haltbarkeit stehen die Vorteile des Filmdosimeters gegenüber, über die Strahlenqualität (Zusammensetzung) und Einfallsrichtung
Aussagen zu ermöglichen, sein niedriger Preis sowie die dokumentarische
Erfassung der Strahlenbelastung über lange Zeiträume.

b) <u>Taschendosimeter</u> (auch Füllhalterdosimeter oder Stabdosimeter) bestehen aus einem zylinderförmigen Luftkondensator (vgl. Abschn. 7.3.3 und Fig. 7.20). Er wird vor der Messung auf eine Spannung von 100 bis 150 Volt aufgeladen. Durch die ionisierende Strahlung wird der Kondensator entladen, die empfangene Ionendosis ist der Spannungsänderung am Kondensator proportional. Diese Spannungsänderung wird durch ein empfindliches Fadenelektrometer angezeigt, das durch ein eingebautes Mikroskopsystem (Vergrößerung etwa 30fach) jederzeit abgelesen werden kann (direkt ablesbare Taschendosimeter).

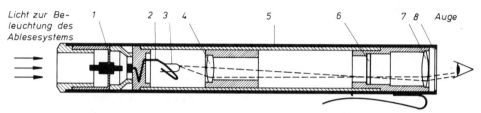

Fig. 7.20 Taschendosimeter (Füllhalterdosimeter) für die Personenüberwachung.
1: Bewegliche Membran mit Kontaktstift, 2: Innenelektrode, 3: Elektrometerfaden, 4: Objektiv, 5: Außenelektrode (Zylindermantel), 6: Glasplatte mit Skalenteilung, 7: Okular, 8: Glasplatte als Dosimeterabschluß.

Die Energieabhängigkeit des Dosimeters zeigt etwa das gleiche Verhalten wie der photographische Film. Bei einer Photonenenergie von etwa 100 keV zeigt der Quotient (gemessene Dosis)/(Freiluftdosis) ein Maximum ($\approx$ 1,5), zu kleineren Photonenenergien nimmt er schnell ab, weil die Strahlung in der Kammerwand absorbiert wird und das Meßvolumen nicht erreicht.

Empfindliche Taschendosimeter haben einen Meßumfang von $5 \cdot 10^{-5}$ C/kg (200 mR), es lassen sich mit ihnen Ionendosen von einigen 10^{-7} C/kg (einige Milliröntgen) noch nachweisen.

Den Vorteilen des Taschendosimeters (hohe Empfindlichkeit und Genauigkeit, jederzeit ablesbar) stehen einige Nachteile gegenüber: Der vergleichsweise hohe Anschaffungspreis, die Empfindlichkeit gegen Feuchtigkeit und Stoß, die (nicht durch Strahlung verursachte) Selbstentladung sowie die Unmöglichkeit, über die Strahlenqualität Aussagen zu machen.

c) <u>Glasdosimeter</u>: Silberaktivierte Phosphatgläser haben die Eigenschaft, nach Bestrahlung mit ionisierender Strahlung zu fluoreszieren, wenn sie mit ultraviolettem Licht (Quarzlampe) bestrahlt werden. Die Intensität der Fluoreszenzstrahlung ist in einem weiten Bereich der Bestrahlungsdosis proportional (etwa $2 \cdot 10^{-6}$ C/kg bis 1 C/kg oder 10 mR bis 3000 R). Durch geeignete Kapselung der Gläser läßt sich die Richtungs- und Energieabhängigkeit der Anzeige für Strahlenschutzzwecke ausreichend ausgleichen.

Die Dosisanzeige eines Glasdosimeters wird durch die Auswertung nicht gelöscht, das Dosimeter kann daher nach Zwischenablesungen weiterverwendet und so zur Langzeitdosimetrie eingesetzt werden. Das Dosimeter ist praktisch unempfindlich gegenüber Temperatur (bis etwa 100°C) und Luftfeuchtigkeit, der Informationsverlust durch Eigenablauf (Fading) ist kleiner als 10% innerhalb von 10 Jahren. Der Nachteil der Glasdosimeter liegt in dem sehr hohen Preis des Auswertegerätes (etwa 25.000 DM).

d) Thermolumineszenz-Dosimeter: In verschiedenen Kristallen (z.B. Lithiumfluorid, aktiviertes Kalziumsulfat) werden durch die ionisierende Strahlung Elektronen des Kristalls in stabile Zwischenniveaus gehoben und dort gespeichert. Durch Erhitzen des Kristalls auf 200°C bis 300°C wird die gespeicherte Energie frei und in Form von sichtbaren Photonen emittiert (Thermolumineszenz). Die emittierte Lichtmenge ist bei konstantem Temperaturverlauf beim Erhitzen proportional zur Energieabsorption im Dosimeter. Der Meßbereich ist sehr groß (etwa $2 \cdot 10^{-7}$ C/kg bis 2 C/kg oder 1 mR bis 10.000 R). Die als Dosimeter verwendeten Preßkörper (keine Einkristalle) können vergleichsweise klein sein (Quader und Stäbe mit wenigen Millimetern Kantenlänge), weshalb sich die Thermolumineszenz-Dosimeter sehr gut zur Teilkörperdosimetrie eignen, z.B. zur Direktmessung an der Fingerkuppe (Fingerring oder Armband), bei präparativen Arbeiten mit radioaktivem Material oder Justierarbeiten im Strahlengang einer Röntgenröhre. Auch eine Laboranwendung soll erwähnt werden: Die kleinen Kapseln eignen sich zur Ausmessung der Intensitätsverteilung in einem Strahlenbündel, wenn man sie in einem Raster senkrecht zur Strahlrichtung anbringt.

Die gespeicherte Information über die empfangene Dosis geht bei diesem Dosimetertyp bei der Auswertung verloren, die Kristalle können jedoch nach dem Ausheizen immer wieder verwendet werden. Wie beim Glasdosimeter beschränkt auch hier der hohe Anschaffungspreis für das Auswertegerät die allgemeine Verwendung.

<u>7.3.8</u> Unter <u>Impulshöhenspektren</u> verstehen wir die Häufigkeit, mit der Impulse in einem bestimmten Impulshöhenintervall (leger "mit einer bestimmten Impulsamplitude") auftreten, wenn der Detektor mit Strahlung beaufschlagt wird. Sie werden mit Detektoren gemessen, die neben der Zahl der Ereignisse auch deren Energieumsatz liefern (Proportionalzählrohr, Szintillationszähler, Halbleiterdetektor).

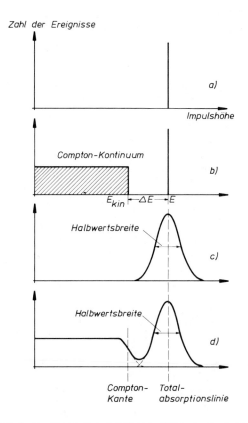

Fig. 7.21 Zur Entstehung eines Impulshöhenspektrums am Ausgang eines Szintillationsdetektors für monoenergetische Strahlung.
   a) Photoabsorptionslinie bei "idealem" Detektor,
   b) Photoabsorptionslinie und Compton-Kontinuum bei "idealem" Detektor,
   c) Verbreiterung der Photoabsorptionslinie durch statistische Einflüsse bei der Entstehung des Detektorsignals,
   d) Verbreiterung der Photoabsorptionslinie und Verschmierung der Compton-Kante durch statistische Einflüsse.

Wir betrachten den einfachen Fall, daß die Strahlungsquelle monochromatisch ist, d.h. daß die Photonen einheitliche Energie besitzen. Wir erwarten daher am Ausgang des Detektors eine einheitliche Impulshöhe entsprechend Fig. 7.21a. Die Gesamtenergie des Photons wird jedoch nicht zwangsläufig vollständig auf den Detektor übertragen. Bei Photonenenergien oberhalb 100 keV wird das Photonenbündel stärker durch den Compton-Effekt als durch den Photoeffekt geschwächt (vgl. Fig. 6.9). Beim Comptoneffekt wird die Photonenenergie nur zum Teil einem Elektron übertragen, das Photon läuft mit geänderter Richtung und verminderter Energie weiter und muß nicht zwangsläufig im Detektor absorbiert werden. Nur die auf ein Elektron übertragene Energie wird im Detektor so umgesetzt, daß sie als Impulsamplitude des Ausgangssignals gemessen werden kann. Energiedefizite durch gestreute, den Detektor verlassene Quanten führen zur Verminderung der Impulsamplitude. Die den Detektor verlassenden Compton-Streuquanten bewirken neben der Totalabsorbtionslinie eine kontinuierliche Impulshöhenverteilung, das sogenannte Compton-Kontinuum der Impulshöhenverteilung (Fig. 7.21b). Dieses Kontinuum ist zu hohen Energien durch eine definierte Grenzenergie (Compton-Kante) begrenzt, da beim Compton-Effekt die maximal auf das Elektron übertragbare Energie

$$E_{kin} = \frac{2 \cdot E^2}{E_o + 2E} \qquad\qquad (7.18)$$

ist (E Energie des Photons, E_o Ruheenergie des Elektrons). Der Abstand der Kante von der Totalabsorbsionslinie beträgt

$$\Delta E = E - E_{kin} = \frac{E \cdot E_o}{E_o + 2E} \cdot \qquad\qquad (7.19)$$

Weitere Prozesse (Escape-peak, Backscatter-peak, Mehrfachstreuung), die zur Form der Impulshöhenverteilung beitragen, sollen hier nicht weiter besprochen werden.

Die Energie des Photons wird über viele Einzelprozesse auf die Atome des Detektors (Zählrohrgas, Szintillationskristall, Halbleiterkristall) übertragen, wobei die einzelnen Beträge durchaus differieren. Es hängt z.B. beim Szintillationsdetektor vom Ablauf des Absorptionsprozesses ab, wieviele Photonen im Kristall wirklich entstehen und aus der Photokathode des Photomultipliers Photoelektronen auslösen können. Im Mittel sind etwa 5 Quanten erforderlich, um ein Elektron an der Photokathode auszuösen, aber eben nur im Mittel. Im Einzelfall sind es mal mehr, mal weniger. Die angedeuteten Vorgänge führen dazu, daß die Impulshöhenverteilung monoenergetischer Quanten keine "scharfe" Linie liefert. Die Impulse sind mal größer, mal kleiner als eine durch die Photonenenergie definierte mittlere Impulshöhe. Die Verteilung wird zu einer

glockenförmigen Verteilung (Gauß-Verteilung). Ihre Breite wird durch die Halb-
wertsbreite (HWB) charakterisiert (Fig. 7.21c). Es ist dies die Breite der
Verteilung, gemessen beim halben maximalen Funktionswert. In der englischen
Literatur wird diese Größe als FWHM bezeichnet (Full Width Half Maximum). Die
Statistik der Absorptions-Elementarprozesse führt auch dazu, daß die an sich
scharfe und definierte Compton-Kante verschmiert wird (Fig. 7.21d).

Die Impulshöhenverteilungen für Strahlungsgemische ergeben sich durch Überlagerung der Verteilungen für monoenergetische Strahlung. Es ist ein unter Umständen sehr aufwendiges Problem, aus einer gemessenen Impulshöhenverteilung auf
die tatsächliche Strahlungszusammensetzung quantitativ zurückzurechnen.

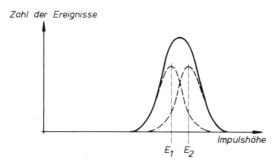

Fig. 7.22 Zur Energieauflösung eines Detektors:
Die Halbwertsbreiten der Impulshöhenverteilungen (Totalabsorptions-
linien) der Photonen mit den Energien E_1 und E_2 ist vergleichbar mit
der Energiedifferenz $E = E_2 - E_1$. In der resultierenden Impulshöhenverteilung erhält man nur eine Verteilung mit einem Maximum und
vergrößerter HWB. Die Photonenenergien E_1 und E_2 sind unmittelbar
nicht erkennbar.

Die Halbwertsbreite der Totalabsorptionslinie monoenergetischer Quanten hat
Bedeutung für die Energieauflösung eines Detektors, die die getrennte Nachweis-
barkeit von Photonen benachbarter Energie bestimmt. Die Fig. 7.22 zeigt schematisch die Verhältnisse für zwei Strahlungen mit den Energien E_1 und E_2 und
gleicher Intensität.

Um eine Vorstellung zu bekommen, wie groß die Energieauflösung bei den einzelnen Detektortypen ist, kann man davon ausgehen, daß die Halbwertsbreite HWB
dem statistischen Fehler bei der Produktion der primären Ladungsträger proportional ist. Entstehen im Mittel n Ladungsträger, die zu der mittleren Impulshöhe $\bar{H}$ führen, so ist der statistische Fehler $\sqrt{n}$. Wir können also abschätzen

$$HWB / \bar{H} \approx \sqrt{n} / n \ . \tag{7.20}$$

Beispiel 7.2 Energieauflösung verschiedener Detektoren.

Die Abschätzung der Energieauflösung für verschiedene Detektoren bei Bestrahlung mit 30 keV-Quanten liefert nach Gl. (7.20) die Zahlenwerte der Tab. 7.3. Mit $E_{primär}$ ist die Energie bezeichnet, die für die Erzeugung eines primären Ladungsträgers erforderlich ist, n ist die Gesamtzahl der primär erzeugten Ladungsträger.

Detektor	$E_{primär}$	n	$\Delta n = \sqrt{n}$	$\Delta n/n$
Halbleiter-Detektor	3 eV	10.000	100	1 %
Proportional-Zählrohr	30 eV	1000	30	3 %
Szintillations-zähler	300 eV	100	10	10 %

Tab. 7.3 Abschätzung der relativen Energieauflösung ($\Delta n/n$) bei Bestrahlung mit 30 keV-Quanten für verschiedene Detektortypen nach Gl. (7.20).

Bei der Messung einer physikalischen Größe ist man bestrebt, zwischen der Meßgröße und der Anzeige des Meßgerätes eine Proportionalität, zumindest jedoch einen linearen Zusammenhang herzustellen. Dies gelingt häufig nur für einen begrenzten Meßbereich, den man durch Eichmessungen festlegen muß. Bei Überschreitung des geeichten Bereiches machen sich in den meisten Fällen Sättigungserscheinungen bemerkbar: Der angezeigte Meßwert ist kleiner als auf Grund der Meßgröße erwartet.

Ein deutliches Beispiel für diesen Sachverhalt ist der photographische Film, der bei Schwärzungen S > 3 im Schulterbereich eine deutliche Nichtlinearität zeigt. Detektoren für den Nachweis einzelner Photonen und Teilchen mit ihrer nachgeschalteten Elektronik (Szintillationszähler, Proportional- und Auslösezählrohr, Halbleiterdetektor) zeigen auch dieses Verhalten, es wird durch die sogenannten Zählverluste verursacht. Zur Analyse eines Detektorimpulses vergeht eine bestimmte Zeit, während der die Meßanordnung kein neu auftreffendes Ereignis registrieren kann. Die Anordnung ist während einer bestimmten Zeit τ blockiert oder "tot". Die nachgewiesene Zählrate a (Ereignisse durch Zeit) wird also kleiner ausfallen als die wahre Zählrate A, die den Detektor trifft. Man unterscheidet zwei grundsätzlich verschiedene Arten von Zählverlusten, die in Fig. 7.23 schematisch dargestellt sind.

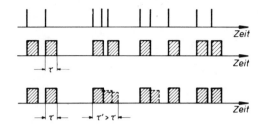

Fig. 7.23 Zur Erläuterung von Zählverlusten (vgl. Text).

   a) Wahre Impulsfolge (zeitliche Folge der den Detektor treffenden
      Teilchen oder Quanten).
   b) Impulsfolge beim Auftreten von Zählverlusten 1. Art
      (die Impulse 4 und 7 gehen verloren).
   c) Impulsfolge beim Auftreten von Zählverlusten 2. Art
      (die Impulse 4, 5 und 7 gehen verloren).

Zählverluste 1. Art: Für die Dauer eines festen Zeitintervalles τ ist das Zähl-
                     system nach dem Eintreffen eines Ereignisses blockiert,
                     unabhängig davon, ob während dieser Zeit ein weiteres
                     Ereignis eintrifft oder nicht.

Zählverluste 2. Art: Jedes eintreffende Ereignis blockiert das System für eine
                     Zeit τ, gleichgültig, ob es in die durch ein vorangegange-
                     nes Ereignis ausgelöste Totzeit τ fällt oder nicht.

Die Zählverluste lassen sich mit den Methoden der Wahrscheinlichkeitsrechnung
berechnen. Man findet für <u>Zählverluste 1. Art</u>

$$A = \frac{a}{1 - a \cdot \tau} \quad \text{oder} \quad a = \frac{A}{1 + A \cdot \tau} \qquad (7.21)$$

und für <u>Zählverluste 2. Art</u>

$$a = A \cdot e^{-A \cdot \tau} . \qquad (7.22)$$

Wir wollen besonders das Verhalten für sehr große wahre Zählraten betrachten
$(A \to \infty)$. Bei den Zählverlusten 1. Art läßt sich dann im Nenner 1 gegen $A \cdot \tau$
vernachlässigen und wir bekommen

        Zählverluste 1. Art: $a \to 1/\tau$ für $A \to \infty$.

Bei den Zählverlusten 2. Art sorgt die Exponentialfunktion für ein ständiges
Abnehmen der gemessenen Zählrate für großes A. Es ergibt sich

        Zählverluste 2. Art: $a \to 0$ für $A \to \infty$.

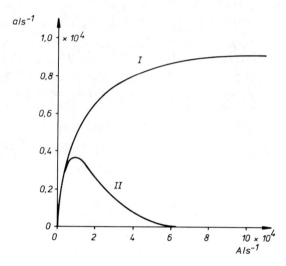

Fig. 7.24 Gemessene Zählrate a als Funktion der wahren Zählrate A bei Zählverlusten 1. Art (Kurve I) und 2. Art (Kurve II). Annahme für die
Totzeit: τ = 100 μs.

In der Fig. 7.24 sind für eine angenommene Totzeit τ = 100 μs die gemessene
Zählrate als Funktion der wahren Zählrate bei Zählverlusten 1. und 2. Art
aufgetragen.

In den meisten Fällen werden die Totzeiten bei Detektoranordnungen durch die
nachgeschaltete Elektronik bestimmt, was zu Zählverlusten 1. Art führt. Bei
Auslösezählrohren (Geiger-Müller-Zählrohren) jedoch treten Zählverluste 2. Art
auf. Bei diesen Zählrohren nämlich wird durch das nachgewiesene Photon eine
elektrische Durchbruchlawine ausgelöst. Ein während der Entladung eintretendes
weiteres Photon verlängert die Brenndauer, die die Totzeit des Zählrohres
bestimmt.

Dies hat eine wesentliche Konsequenz für den praktischen Strahlenschutz, bei
dem zum Nachweis ionisierender Strahlung in tragbaren Geräten häufig Auslöse-
zählrohre verwendet werden. In großen und damit gefährlichen Strahlungsfeldern
zeigen diese Geräte keinen Ausschlag, weil die große Zahl von Photonen dafür
sorgt, daß das Gerät ständig "tot" ist. Man hilft sich in der Praxis, daß man
den Monitor schon in großer Entfernung von der Quelle einschaltet und den
Zeigerausschlag bei Annäherung an sie beobachtet.

Die Totzeit für eine gegebene Anordnung ist experimentell zu ermitteln. Ein Verfahren benutzt die Tatsache, daß die wahren Zählraten einer punktförmigen Strahlenquelle umgekehrt proportional zum Quadrat des Abstandes r Quelle - Detektor ist (Abstandsgesetz). Durch Anwendung dieser Gesätzmäßigkeit lassen sich durch Veränderung des Abstandes am Detektor bekannte Zählraten einstellen. Die nie ganz zu vermeidende Streustrahlung von umgebenden Wänden macht dieses Meßverfahren jedoch leicht ungenau. Besser ist die sogenannte 2-Quellen-Methode. Hierfür werden 2 radioaktive Quellen verwendet, die am Ort des Detektors die wahren Zählraten A_1 bzw. A_2 liefern. Es werden 3 Messungen durchgeführt:

Messung 1 (Quelle 1 allein):

$$a_1 = \frac{A_1}{1 + A_1 \cdot \tau} \, , \qquad\qquad (7.23a)$$

Messung 2 (Quelle 2 allein):

$$a_2 = \frac{A_2}{1 + A_2 \cdot \tau} \, , \qquad\qquad (7.23b)$$

Messung 3 (Quelle 1 und 2 kombiniert):

$$a_3 = \frac{A_1 + A_2}{1 + (A_1 + A_2) \cdot \tau} \, . \qquad\qquad (7.23c)$$

Aus diesen 3 Gleichungen können die 3 Unbekannten A_1, A_2 und τ, wenn auch etwas umständlich, ermittelt werden.

7.4 Berechnung der Ortsdosis aus den Eigenschaften der Strahlenquelle

7.4.1 Nach DIN 6814 Blatt 3 ist die spezifische Gammastrahlenkonstante Γ (bisher "Dosisleistungskonstante) eines gammastrahlenden Radionuklids oder eines Isomers der Quotient aus dem Produkt $\dot{J} \cdot r^2$ und der Aktivität A, wobei $\dot{J}$ die Standard-Gleichgewicht-Ionendosisleistung ist, die von der Gammastrahlung (bei Positronenstrahlern einschließlich der Vernichtungsstrahlung) einer punktförmigen Strahlenquelle der Aktivität A im Abstand r erzeugt würde, wenn die Strahlung weder in der Strahlenquelle noch auf der Wegstrecke r eine Wechselwirkung erführe:

$$\Gamma = \frac{\dot{J}_s \cdot r^2}{A} \, . \qquad\qquad (7.24)$$

Wird abweichend von der obigen Definition eine bei innerer Konversion oder Elektroneneinfang emittierte charakteristische Röntgenstrahlung mit einbezogen, so ist dies bei der Angabe der spezifischen Gammastrahlenkonstante ausdrücklich zu vermerken.

Bei Radium wird die spezifische Gammastrahlenkonstante (statt auf die Aktivität A) auf die Masse m des Radium-226 bezogen, das sich im Gleichgewicht mit seinen Folgeprodukten befindet und in eine Platinhülle mit einer Wanddicke von 0,5 mm eingeschlossen ist:

$$\Gamma_{Ra} = \frac{\dot{J}_s \cdot r^2}{m} \, . \tag{7.24a}$$

Die SI-Einheit der spezifischen Gammastrahlenkonstante ist das "Coulomb mal Quadratmeter durch Kilogramm" $\left[(A/kg) \cdot (m^2/Bq) = A \cdot s \cdot m^2/kg = C \cdot m^2/kg\right]$. Die besondere Einheit der spezifischen Gammastrahlenkonstanten ist das "Röntgen mal Quadratmeter durch Stunde und Curie $\left[(R \cdot m^2)/(h \cdot Ci)\right]$. Für Radium 226 ist die SI-Einheit der Gammastrahlenkonstante $A \cdot m^2/kg^2$, die besondere Einheit $(R \cdot m^2)/(h \cdot g)$. Mit $1\ R = 2,58 \cdot 10^{-4}$ C/kg, $1\ h = 3600$ s und $1\ Ci = 3,7 \cdot 10^{10}$ Bq erhält man als Umrechnungsbeziehung

$$1 \, \frac{R}{h} \cdot \frac{m^2}{Ci} = 1,937 \cdot 10^{-18} \, \frac{C \cdot m^2}{kg} \quad (\frac{A \cdot m^2}{kg \cdot Bq}) \tag{7.25}$$

Durch die Definition der DIN-Vorschrift wird eine Konstante festgelegt, die für die Strahlenquelle spezifisch ist. Bei Kenntnis dieser Konstanten läßt sich die Standard-Gleichgewichts-Ionendosis eines radioaktiven Strahlers bei bekannter Zusammensetzung und Geometrie berechnen:

$$\dot{J}_s = \Gamma \cdot \frac{A}{r^2} \, . \tag{7.26}$$

Die spezifische Gammastrahlenkonstante läßt sich über die Energiedosis durch Betrachtung der Wechselwirkung der Photonen mit dem Absorber berechnen. Wir gehen von einer Quelle der Aktivität A aus, die pro Zerfall genau ein Photon der Energie E_{Ph} emittieren soll (monoenergetische Quelle). Im Abstand r von der Quelle befinde sich ein Absorber mit der Fläche F und der Dicke Δx (Fig. 7.25).

Wir berechnen zunächst die Zahl N_F der Photonen, die den Absorber trifft. Pro Zeiteinheit werden A Photonen von der Quelle emittiert, die sich gleichmäßig (isotrop) in alle Richtungen des Raumes ausbreiten, d.h. sich gleichmäßig über die Kugeloberfläche $F_K = 4 \cdot \pi \cdot r^2$ im Abstand r von der Quelle verteilen. Während der Zeit t treffen daher die Flächeneinheit

$$N = \frac{A \cdot t}{4 \cdot \pi \cdot r^2} \qquad (7.27a)$$

Photonen; auf die Absorberfläche F fallen somit

$$N_F = N \cdot F = \frac{A \cdot t}{4 \cdot \pi \cdot r^2} \cdot F \qquad (7.27b)$$

Photonen. Zur Berechnung der im Absorber absorbierten Energie gehen wir vom Energieabsorptionskoeffizienten aus (vgl. Abschn. 6.7). Er ist für Luft und weiches Gewebe wegen des vernachlässigbaren Bremsstrahlungsanteils hinreichend genau gleich dem Energieumwandlungskoeffizienten η. Es soll nochmals darauf hingewiesen werden, daß hier für die auf die Elektronen des Absorbers übertragene Energie der Buchstabe "E" verwendet wird und sich daraus eine geänderte Notation gegenüber der DIN-Vorschrift 6814 Blatt 3 (Begriffe und Benennungen in der radiologischen Technik, Dosisgrößen und Dosiseinheiten) ergibt, die die Energie mit "W" bezeichnet.

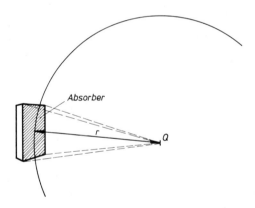

Fig. 7.25 Zur Berechnung der Zahl von Photonen, die bei einer Strahlenquelle Q der Aktivität A im Abstand r auf einen Absorber der Fläche F und der Dicke Δx trifft.

Für einen dünnen Absorber der Dicke Δx gilt

$$\Delta E_K = \eta \cdot E_K \cdot \Delta x \ . \qquad (7.28)$$

Dabei ist ΔE_K die Summe der kinetischen Energien der Elektronen, die in der Schicht freigesetzt werden, η der Energieumwandlungskoeffizient und E_K die Summe der Energien, die alle den Absorber treffenden Photonen mitbringen:

$$E_K = N_F \cdot E_{Ph} = N_F \cdot h \cdot \nu \; . \tag{7.29}$$

Damit können wir die Energiedosis leicht berechnen. Aus

$$D = \frac{\Delta E_K}{\Delta m} \tag{7.30}$$

und

$$\Delta m = \rho \cdot \Delta V = \rho \cdot F \cdot \Delta x \tag{7.31}$$

finden wir durch Einsetzen

$$D = \frac{\Delta E_K}{\Delta m} = \frac{\eta \cdot E_K \cdot \Delta x}{\rho \cdot F \cdot \Delta x} = \frac{\eta}{\rho} \cdot \frac{1}{F} \cdot N_F \cdot E_{Ph} \tag{7.32}$$

und

$$D = \left(\frac{\eta}{\rho}\right) \cdot \frac{1}{F} \cdot E_{Ph} \cdot \frac{A \cdot t}{4 \cdot \pi \cdot r^2} \cdot F \; . \tag{7.33}$$

Die Energiedosisleistung $\dot{D} = D/t$ ist also

$$\dot{D} = \frac{D}{t} = \frac{1}{4 \cdot \pi} \cdot \left(\frac{\eta}{\rho}\right) \cdot E_{Ph} \cdot \frac{A}{r^2} \cdot \tag{7.34}$$

Die Größe

$$\Gamma^* = \frac{1}{4 \cdot \pi} \cdot \left(\frac{\eta}{\rho}\right) \cdot E_{Ph} \tag{7.35}$$

steht in engem Zusammenhang mit der spezifischen Gammastrahlenkonstanten. Die Gl. (7.35) enthält die Abhängigkeit von den Eingenschaften des Absorbers (η/ρ) sowie von der Photonenenergie E_{Ph}. Die SI-Einheit für Γ^* ist Joule$\cdot m^2$/kg, sie liefert die Energiedosisleistung in Watt/kg, sofern die Größen η/ρ und E_{Ph} in SI-Einheiten eingesetzt werden.

Zur Berechnung der für die Ermittlung der Standard-Gleichgewichts-Ionendosis-leistung notwendigen spezifischen Gammastrahlenkonstanten Γ stellen wir zu-nächst gegenüber:

$$\text{Energiedosisleistung:} \quad \dot{D} = \frac{1}{t} \cdot \frac{\Delta E}{\Delta m} = \Gamma^* \cdot \frac{A}{r^2} \tag{7.36a}$$

$$\text{Ionendosisleistung:} \quad \dot{J} = \frac{1}{t} \cdot \frac{\Delta Q}{\Delta m} = \Gamma \cdot \frac{A}{r^2} \tag{7.36b}$$

Die im Absorber produzierte Ladung ΔQ muß demnach aus der umgewandelten Energie ΔE berechnet werden. Die Zahl der gebildeten Ladungsträgerpaare beträgt $\Delta Q/e$ (e Elementarladung). Wenn zur Bildung eines Ladungsträgerpaares die Energie E_i notwendig ist, ist

$$\Delta E = \frac{\Delta Q}{e} \cdot E_i \; . \tag{7.37}$$

Durch Vergleich finden wir zunächst

$$\dot{D} = \frac{1}{t} \cdot \frac{\Delta E}{\Delta m} = \frac{1}{t} \cdot \frac{E_i}{e} \cdot \frac{\Delta Q}{\Delta m} = \frac{E_i}{e} \cdot \dot{J} \qquad (7.38)$$

und daraus die spezifische Gammastrahlenkonstante

$$\Gamma = \frac{e}{E_i} \cdot \Gamma^* = \frac{e}{E_i} \cdot \frac{1}{4 \cdot \pi} \cdot \left(\frac{\eta}{\rho}\right)_{Luft} \cdot E_{Ph} \cdot \qquad (7.39)$$

Der Massen-Energieumwandlungskoeffizient ist in diese Beziehung für Luft einzusetzen, da sich die Definition Standard-Gleichgewicht-Ionendosisleistung auf
Luft bei Normalbedingungen bezieht. Die Energie für die Erzeugung eines Ladungsträgerpaares in Luft beträgt $E_i = 33,7$ (≈ 34) eV.

Die SI-Einheit für Γ ist, wie bereits gesagt, $C \cdot m^2/kg$. Sie hat sich bisher
wenig eingebürgert. (η/ρ) ist im allgemeinen in der Einheit cm^2/g tabelliert,
E_{Ph} und E_i werden in MeV bzw. in eV, die Aktivität in Ci angegeben. Wir formen
daher die allgemeine Gleichung in eine die besonderen Einheiten berücksichti-
gende Zahlenwertgleichung um und verwenden, daß (vgl. Gl. (7.25) und Abschn.
9.4)

$$1 \frac{A}{kg} = \frac{3600}{2,580 \cdot 10^{-4}} \cdot \frac{R}{h} \cdot$$

Aus

$$\dot{J} = \Gamma \cdot \frac{A}{r^2} = \frac{e}{E_i} \cdot \frac{1}{4\pi} \cdot \left(\frac{\eta}{\rho}\right)_{Luft} \cdot E_{Ph} \cdot \frac{A}{r^2} \qquad \left[\frac{A}{kg}\right]$$

wird durch Einsetzen der Zahlenwerte und Umrechnungsfaktoren

$$\dot{J} = \frac{1,6 \cdot 10^{-19} \, eV}{33,7 \cdot 1,6 \cdot 10^{-19} \, eV} \cdot \frac{1}{4 \cdot \pi} \cdot \left[1/10 \cdot \frac{\eta/\rho}{cm^2/g}\right] \cdot \left[1,6 \cdot 10^{-13} \cdot \frac{E_{Ph}}{MeV}\right] \cdot$$

$$\cdot \frac{1}{r^2/m^2} \cdot \left[3,7 \cdot 10^{10} \cdot \frac{A}{Ci}\right] \cdot \left[\frac{3600}{2,580 \cdot 10^{-4}} \cdot \frac{R}{h}\right] \cdot$$

Wir fassen die Zahlenwerte zusammen:

$$\dot{J} = 19,5 \cdot \frac{\eta/\rho}{cm^2/g} \cdot \frac{E_{Ph}}{MeV} \cdot \frac{A/Ci}{r^2/m^2} \cdot \frac{R}{h} \cdot$$

Die spezifische Gammastrahlenkonstante ist dann

$$\frac{\Gamma}{\left(\frac{R \cdot m^2}{h \cdot Ci}\right)} = 19,5 \cdot \frac{\eta/\rho}{cm^2/g} \cdot \frac{E_{Ph}}{MeV} \cdot \qquad (7.39a)$$

In der Fig. 7.26 ist die spezifische Gammastrahlenkonstante als Funktion der Photonenenergie dargestellt.

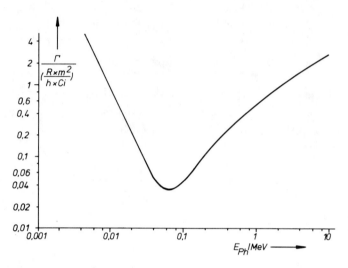

Fig. 7.26 Spezifische Gammastrahlenkonstante Γ zur Berechnung der Standard-Ionendosisleistung als Funktion der Photonenenergie E_{Ph}.

Bei radioaktiven Nukliden, die pro Zerfallsakt verschiedene Komponenten i mit den Emissionswahrscheinlichkeiten w_i emittieren, ist die spezifische Gamma-strahlenkonstante

$$\frac{\Gamma}{(\frac{R \cdot m^2}{h \cdot Ci})} = 19,5 \cdot \sum_i \frac{(\eta/\rho)_i}{cm^2/g} \cdot w_i \cdot \frac{(E_{Ph})_i}{MeV} \; . \tag{7.39b}$$

Hierdurch läßt sich auch die charakteristische Röntgenstrahlung in die Berechnung der Ionendosisleistung einbeziehen.

Wenn man die Standard-Ionendosisleistung, die von einer kompakten Quelle in einem Abstand r tatsächlich erzeugt wird, berechnen will, sind gegebenenfalls Absorber (Schwächungskoeffizienten μ, Schichtdicke d) sowie die Luftabsorption (Schwächungskoeffizient μ_L, Schichtdicke r) zu berücksichtigen. Mit dem Schwächungsgesetz für Röntgen- und γ-Strahlen erhält man

$$\dot{J} = \Gamma \cdot \frac{A}{r^2} \cdot e^{-\mu \cdot d} \cdot e^{-\mu_L \cdot r} \; . \tag{7.40}$$

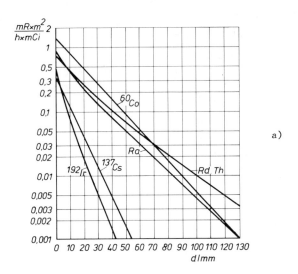

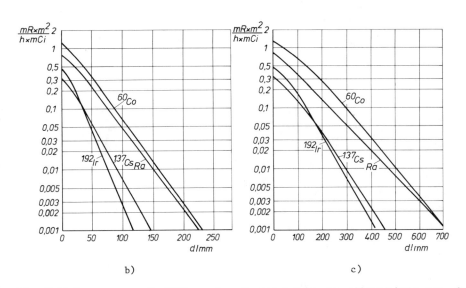

Fig. 7.27 Kurven zur Ermittlung der Dosisleistung in Abhängigkeit von der Dicke d gebräuchlicher Schutzschichten für verschiedene radioaktive Stoffe nach DIN 6804.
a) Blei,   b) Eisen,   c) Beton (ρ = 2,4 g/cm³).

Photonenenergien:
Co-60: 1,17 MeV und 1,33 MeV; Cs-137: 0,66 MeV,
Ir-192: Mehrere Linien, hauptsächlich zwischen 0,3 und 0,5 MeV.

In der DIN 6804 sind für verschiedene Radionuklide die spezifischen Dosisleistungskonstanten graphisch dargestellt, wenn man in sie die Abnahme durch
Schutzschichten variabler Dicke einbezieht (Fig. 7.27).

Beispiel 7.3 Berechnung der Standard-Ionendosis für eine Co-60-Quelle

$$\text{Aktivität 37 TBq (1000 Ci, Kobaltbombe),}$$
$$\text{Abstand r von der Quelle 40 cm = 0,4 m.}$$

Kobalt-60 emittiert (vgl. das Zerfallsschema Fig. 4.10) pro Zerfallsakt
zwei γ-Quanten mit der Emissionswahrscheinlichkeit 1. Zur Berechnung der
spezifischen Dosisleistungskonstanten haben wir also:

$$(E_{Ph})_1 = 1,17 \text{ MeV}; \quad w_1 = 1; \quad (n/\rho)_1 = 0,0272 \text{ cm}^2/g$$
$$(E_{Ph})_2 = 1,33 \text{ MeV}; \quad w_2 = 1; \quad (n/\rho)_2 = 0,0262 \text{ cm}^2/g$$

Setzt man die Zahlenwerte in Gl. (7.39b) ein, so erhält man

$$\frac{\Gamma}{(\frac{R \cdot m^2}{h \cdot Ci})} = 19,53 \cdot \left[\frac{0,0272 \text{ cm}^2/g}{\text{cm}^2/g} \cdot 1 \cdot \frac{1,17 \text{ MeV}}{\text{MeV}} + \frac{0,0262 \text{ cm}^2/g}{\text{cm}^2/g} \cdot 1 \cdot \frac{1,33 \text{ MeV}}{\text{MeV}}\right]$$

$$= 19,5 \cdot (0,318 + 0,348)$$

$$\Gamma_{Co-60} = 1,30 \frac{R \cdot m^2}{h \cdot Ci} .$$

Die Ionendosisleistung der unabgeschirmten Quelle (die Absorption in Luft
läßt sich bei Photonenenergien im MeV-Bereich vernachlässigen) beträgt

$$\dot{J} = 1,30 \cdot \frac{R \cdot m^2}{h \cdot Ci} \cdot \frac{1000 \text{ Ci}}{(0,4)^2 \cdot m^2} = 8125 \text{ R/h} .$$

Beim Menschen bewirkt eine Ganzkörperbestrahlung von etwa 500 Röntgen
eine Mortalität von 50% innerhalb von 30 Tagen. Ein Aufenthalt von 5
Minuten (etwa 1/10 Stunde) bei den oben genannten Bedingungen ist mit
großer Wahrscheinlichkeit tödlich.

Wie wirkt sich eine Bleiabschirmung mit einer Dicke von d = 10 cm aus?
Der Massenschwächungskoeffizient μ/ρ ist für beide Strahlungskomponenten
etwa gleich (vgl. Fig. 6.10), nämlich

$$\mu/\rho = 0,062 \text{ cm}^2/g .$$

Mit der Dichte des Bleis

$$\rho = 11,3 \ \text{g/cm}^3$$

erhält man

$$\mu = 0,70 \ \text{cm}^{-1}$$

und

$$e^{-\mu \cdot d} = e^{-0,70 \cdot 10} = 9,1 \cdot 10^{-4} \approx 10^{-3} \ .$$

Die spezifische Gammastrahlenkonstante wird etwa um den Faktor 10^{-3} vermindert, also erwarten wir hinter der Schutzwand eine Ionendosisleistung von

$$\dot{J} = 7,5 \ \text{R/h} \ .$$

Aus der der Kurve zur Ermittlung der Dosisleistung in Abhängigkeit von der Dicke einer Bleischutzschicht (Fig. 7.27a) lesen wir bei d = 100 mm für Co-60 ab

$$\Gamma = 0,0055 \ \frac{\text{mR} \cdot \text{m}^2}{\text{h} \cdot \text{mCi}} = 0,0055 \ \frac{\text{R} \cdot \text{m}^2}{\text{h} \cdot \text{Ci}} \ ,$$

was zu

$$J = 0,0055 \cdot \frac{1000}{0,4^2} \ \text{R/h} = 34 \ \text{R/h}$$

führt. Dieser viermal so große Wert wird durch die Streustrahlung (Compton-Effekt) bewirkt, die im Absorber entsteht und zur Dosisleistung am Meßort beiträgt. Bei der Berechnung über die Schwächung wird dieser Beitrag nicht berücksichtigt.

In der Praxis verwendet man bei hochradioaktiven Quellen (Kobaltbomben, verbrauchte Kernbrennstäbe) Abschirmungen aus Uran-238, wenn es um raumsparende Abschirmungen geht. Seine hohe Ordnungszahl (Z = 92) mit einer großen Dichte ($\rho = 19,0$ g/cm^3) läßt vergleichsweise handliche Abschirmdikken zu. Die Eigenaktivität des Uran ist wegen seiner großen Halbwertszeit gering und mit einer entsprechenden Ummantelung leicht zu beherrschen. Man erreicht mit solchen Anordnungen auch bei hochaktiven Quellen Dosisleistungen von weniger als 0,5 mR/h an der zugänglichen Oberfläche der Abschirmung!

7.4.2 Die Berechnung der <u>Dosisleistung von Röntgenröhren</u> ist ein komplexes und meist schwieriges Problem, da hierfür eine genaue Kenntnis der spektralen Intensitätsverteilung der Photonen erforderlich und die Benutzung   e i n e r

Dosiskonstanten wie bei den radioaktiven Quellen wegen der kontinuierlichen Energieverteilung der Bremsstrahlung nicht möglich ist. Im folgenden beschränken wir uns auf grobe Abschätzungen, die jedoch zumindest für Strahlenschutzzwecke ausreichende Ergebnisse liefern und im Prinzip den Lösungsweg aufzeigen. Das Problem läßt sich in zwei Schritten angehen: a) Ermittlung der Intensitätsverteilung der Röntgenstrahlung am Meßort und b) Ermittlung der zugehörigen Ionendosisleistung.

a) Die von der Röntgenröhre produzierte Strahlungsleistung P_{St} ist (Gl. (5.10))

$$P_{St} = c \cdot Z \cdot i_E \cdot U_A^2 \; . \tag{7.41}$$

Darin bedeuten Z die Ordnungszahl des Anodenmaterials, i_E der Emissionsstrom und U_A die Anodenspannung der Röntgenröhre, c eine Konstante mit dem Wert von etwa $10^{-9} \, V^{-1}$. Die produzierte Strahlungsleistung verteilt sich auf Photonen verschiedener Energie, das Intensitätsspektrum zeigt einen linearen Abfall und ist Null bei der Grenzenergie $E_g = e \cdot U_A$ (vgl. Abschn. 5.1.2):

$$I_E = b \cdot (E_g - E) \; . \tag{7.42}$$

Die Gesamtenergie (im Energieintervall $E = 0$ bis $E = E_g$) ergibt sich hieraus zu

$$I_{ges} = \frac{1}{2} \cdot b \cdot E_g^2 \; . \tag{7.43}$$

Die den Empfänger treffende Gesamtintensität I_{ges} steht in engem Zusammenhang mit der Strahlungsleistung P_{St}. Befindet sich der Empfänger im Abstand r von der Röntgenquelle und setzen wir voraus, daß sich die Strahlung isotrop (in alle Richtungen gleichmäßig) in den Raum ausbreitet, so ist die Gesamtoberfläche auf die sich die Strahlungsleistung verteilt, die Oberfläche der Kugel mit dem Radius r, die Intensität (Bestrahlungsstärke, Energie/(Zeit·Fläche) = Leistung/Fläche) also

$$I = \frac{P_{St}}{4 \cdot \pi \cdot r^2} \; . \tag{7.44}$$

Die Intensität nimmt umgekehrt proportional zum Quadrat des Abstandes ab (Quadratisches Abstandsgesetz). Durch diese Beziehung läßt sich die eingeführte Konstante b durch die Konstante c ausdrücken. Für die auf das Energieintervall bezogene Intensität I_E können wir analog

$$I_E = \frac{P_E}{4 \cdot \pi \cdot r^2} \qquad (7.45)$$

schreiben, wenn wir unter P_E die auf das Energieintervall bezogene, in der Röntgenquelle produzierte Strahlungsleistung verstehen.

Spektrale Verteilungen von Röntgenquellen werden meist mit Photonendetektoren gemessen (Szintillationszähler, Proportionalzählrohr, Halbleiterdetektor). Diese registrieren die Zahl der Quanten als Funktion der Quantenenergie (Impulshöhe). Das so registrierte Spektrum wird als <u>Photonenspektrum</u> oder <u>Quantenspektrum</u> bezeichnet. Es ergibt sich aus dem Intensitätsspektrum durch einfache Umrechnung und ist die Grundlage für eine Dosisleistungsberechnung. In der Zeit t trifft den Empfänger mit der Fläche F die Energie $I_E \cdot t \cdot F$, sie wird durch N_E Photonen mit der Energie E geliefert. Also ist

$$N_E \cdot E = I_E \cdot t \cdot F , \qquad (7.46)$$

und da die Quantenstromdichte $j_E = N_E/(t \cdot F)$ ist, erhalten wir

$$j_E = I_E/E . \qquad (7.47)$$

Aus dem Intensitätsspektrum (Gl. (7.42)) finden wir das Photonenspektrum

$$j_E = b \cdot (\frac{E_g}{E} - 1) . \qquad (7.48)$$

Aus dem linearen Abfall im Intensitätsspektrum wird ein hyperbolischer Abfall (proportional 1/E) im Photonenspektrum (vgl. Fig. 7.28). Ein gemessenes Photonenspektrum muß für eine Dosisleistungsberechnung in das zugehörige Intensitätsspektrum umgerechnet werden.

Die in der Röntgenröhre erzeugte Strahlung kann den Meßort nur in modifizierter Form erreichen: Alle auf der Strecke Quelle - Empfänger vorhandene Materie führt zu Wechselwirkungen der Quanten mit ihr und als Folge davon zu einer Verminderung der Intensität durch Absorption. Die Schwächung der Strahlung im Glaskolben der Röntgenröhre wird vom Hersteller meist durch die Dicke d_{Al} eines äquivalenten Aluminiumfilters angegeben (Aluminiumgleichwert). Eine gewollte Beeinflussung der Strahlungszusammensetzung wird durch Filter (Aluminium, Kupfer, Blei) mit den Schwächungskoeffizienten μ_1, μ_2, ... und den zugehörigen Dicken d_1, d_2, ... bewirkt. Die Schwächung der Strahlung in Luft (Strecke r) spielt nur bei Quantenenergien unter 10 bis 15 keV eine Rolle. Aus

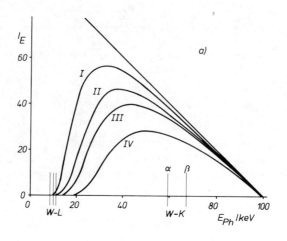

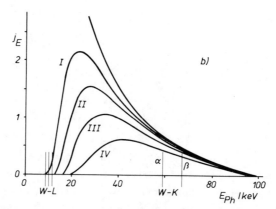

Fig. 7.28 Berechnete Bremsstrahlungsspektren einer Röntgenröhre, Anodenspannung U_A = 100 kV. Die Lage der charakteristischen Röntgenlinien ist für Wolfram schematisch angedeutet.
a) Intensitätsspektrum,   b) Photonenspektrum (Quantenspektrum).

Bei den Kurven für gefilterte Strahlung wurde zu Grunde gelegt:
Kurve   I: Eigenfilter der Röhre = 0,7 mm Al-Gleichwert,
Kurve II: Eigenfilter + Al-Filter 1 mm,
Kurve III: Eigenfilter + Al-Filter 2 mm,
Kurve IV: Eigenfilter + Al-Filter 5 mm.

dem in der Röhre erzeugten Intensitätsspektrum I_E erhält man mit dem Schwächungsgesetz für Röntgenstrahlen das Spektrum am Empfänger:

$$I_E' = I_E \cdot e^{-\mu \cdot d_{Al}} \cdot e^{-\mu_1 \cdot d_1} \cdot e^{-\mu_2 \cdot d_2} \cdot \ldots e^{-\mu_L \cdot r} \quad . \tag{7.49}$$

Die Schwächungskoeffizienten sind in die Beziehung für die betreffende Photonenenergie einzusetzen. In der Fig. 7.28 sind einige Kurven für zusätzliche
Aluminium-Filterung eingezeichnet.

b) Zur Ermittlung der Ionendosisleistung knüpfen wir an den Abschn. 7.4.1 über
die spezifische Dosisleistungskonstante an. Für einen radioaktiven Strahler
mit mehreren Komponenten ist entsprechend Gl. (7.39b)

$$\dot{J} = \frac{1}{4 \cdot \pi} \cdot \frac{A}{r^2} \cdot \frac{e}{E_i} \cdot \sum_i \left(\frac{\eta}{\rho}\right)_i \cdot w_i \cdot (E_{Ph})_i \cdot \qquad (7.50)$$

Wir multiplizieren die Aktivität A in die Summe über die Komponenten und
bedenken, daß

$$A \cdot w_i \cdot (E_{Ph})_i = P(E...E+\Delta) = P_E \cdot \Delta E \qquad (7.51)$$

gerade gleich der ausgestrahlten Leistung der Quelle durch Photonen im Energieintervall zwischen E und (E+ΔE) ist. Dabei haben wir benutzt, daß bei einem
kontinuierlichen Intensitätsspektrum nur in einem endlichen Energieintervall
meßbare Leistung abgestrahlt wird. Die Ionendosisleistung wird damit

$$\dot{J} = \frac{1}{4 \cdot \pi \cdot r^2} \cdot \frac{e}{E_i} \cdot \sum_i (P_E)_i \cdot \Delta E \cdot \left(\frac{\eta(E)}{\rho}\right)_i , \qquad (7.52)$$

wobei korrekter die Summe als Integral zu schreiben ist. Für genäherte numeri-
sche Abschätzungen ist die angeschriebene Beziehung jedoch gut praktikabel.
Wir benötigen nur noch die Gleichung für die gesamte Strahlungsleistung

$$P_{St} = \sum_0^{E_g} P_E \cdot \Delta E , \qquad (7.53)$$

um in einem Beispiel die Dosisleistung für eine Röntgenquelle mit kontinuierli-
chem Spektrum (Bremsstrahlung) zu berechnen.

Beispiel 7.4 Dosisleistung einer Röntgenröhre.

Aus den Spektren der Fig. 7.28 wählen wir für das Beispiel die Verteilung
nach einer Eigenfilterung der Röntgenröhre von 0,7 mm Al und einer zusätz-
lichen Filterung der Strahlung mit 2 mm Aluminium (Kurve III). Die Verteilung zerlegen wir in Streifen von jeweils 10 keV und betrachten die
Strahlung in jeweils einem Streifen als monoenergetisch. Als Massen-Ener-
gieabsorbtionskoeffizient entnehmen wir der Literatur jeweils die Werte
für die Mitte des Intervalles.

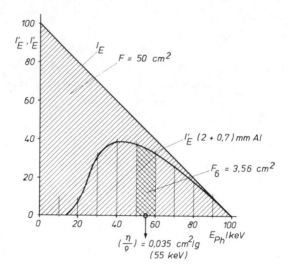

Fig. 7.29 Zur Berechnung der Dosisleistung einer Röntgenröhre (Bremsstrahlung). Vgl. Text.

Ein Problem bei der Berechnung der Dosisleistung liegt in der Normierung der Zahlenwerte. Die in Fig. 7.29 doppelt schraffierte Fläche ist proportional zu der den Empfänger treffenden Strahlungsleistung im Energieintervall 50 ... 60 keV, die schraffierte Dreiecksfläche ist proportional zu der gesamten emittierten Strahlungsleistung. Diese können wir aus den Betriebsdaten der Röntgenröhre berechnen und somit den Eichfaktor Strahlungsleistung durch Flächeneinheit der Darstellung ermitteln. Wir wählen folgende Betriebsdaten:

$$i_E = 1mA = 10^{-3} \text{ A};$$
$$U_A = 100 \text{ kV} = 10^5 \text{ V};$$
$$\text{Anode Wolfram } (Z = 74);$$
$$\text{Integrale Strahlungsleistung } P_{St} = 0,75 \text{ W}.$$

Die schraffierte Fläche ($F = 50 \text{ cm}^2$) entspricht einer Strahlungsleistung von 0,75 W, also ist der Eichfaktor $(0,75 \text{ W})/(50 \text{ cm}^2) = 0,015 \text{ W/cm}^2$.

In der Tab. 7.4 sind die Zahlenwerte zusammengestellt. Die Flächen wurden mit einem Planimeter ermittelt und dann mit dem Eichfaktor in die dem Energieintervall entsprechende Leistung umgerechnet. Der Massen-Energieumwandlungskoeffizient für Luft wurde aus Tabellenwerten jeweils für die Intervallmitte interpoliert und in der nächsten Spalte auf SI-Einheiten umgerechnet. Die letzte Spalte enthält die Größen $P_E \cdot \Delta E \cdot (\eta/\rho)$, deren Summe $(2,307 \cdot 10^{-3}$ $W \cdot m^2/kg)$ die unmittelbare Berechnung der Ionendosisleistung nach Gl. (7.52) ermöglicht (hier im Beispiel Entfernung Röntgenquelle - Empfänger r = 1 Meter).

	F (cm^2)	$P_E \cdot \Delta E$ (Watt)	η/ρ (cm^2/g)	η/ρ m^2/kg	$P_E \cdot \Delta E \cdot (\eta/\rho)$ $(W \cdot m^2/kg)$
F_1	---	---	41,8	4,18	---
F_2	0,16	$2,4 \cdot 10^{-3}$	1,27	0,127	$0,305 \cdot 10^{-3}$
F_3	1,89	28,4	0,26	0,026	0,738
F_4	3,67	55,1	0,095	0,0095	0,523
F_5	3,97	59,5	0,051	0,0051	0,303
F_6	3,56	53,4	0,035	0,0035	0,187
F_7	2,90	43,5	0,028	0,0028	0,122
F_8	2,19	32,8	0,025	0,0025	0,082
F_9	1,28	19,2	0,024	0,0024	0,046
F_{10}	0,46	$6,9 \cdot 10^{-3}$	0,023	0,0023	$0,001 \cdot 10^{-3}$
Summe	20,08	$301,2 \cdot 10^{-3}$			$2,307 \cdot 10^{-3}$

Tab. 7.4 Zahlenwerte zur numerisch-graphischen Ermittlung der Dosisleistung einer Röntgenröhre (vgl. Text).

$$\dot{J} = \frac{1}{4 \cdot \pi \cdot (1m)^2} \cdot \frac{1,6 \cdot 10^{19} \, C}{33,7 \cdot 1,6 \cdot 10^{-19} \, J} \cdot 2,307 \cdot 10^{-3} \frac{J \cdot m^2}{s \cdot kg}$$

$$\dot{J} = 5,45 \cdot 10^{-6} \frac{A}{kg} = \frac{5,45 \cdot 10^{-6}}{2,58 \cdot 10^{-4}} \frac{R}{s} = 0,021 \ R/s \ ,$$

da
$$1 \ R/s = 2,58 \cdot 10^{-4} \ A/kg \ .$$

In gleicher Weise lassen sich die Dosisleistungen für die anderen Intensitätsspektren der Fig. 7.28 ermitteln (i_E = 1 mA, U_A = 100 kV, r = 1 m, Wolframanode):

Kurve I   (Eigenfilter 0,7 mm Al-Gleichwert) $\dot{J}$ = =,077 R/s = 280 R/h

Kurve II   (Eigenfilter + Al-Filter 1 mm) $\dot{J}$ = =,033 R/s = 120 R/h

Kurve III   (Eigenfilter + Al-Filter 2 mm) $\dot{J}$ = =,021 R/s = 75 R/h

Kurve IV   (Eigenfilter + Al-Filter 5 mm) $\dot{J}$ = =,010 R/s = 35 R/h

Es soll nochmals betont werden, daß die berechneten Ionendosisleistungen lediglich Anhaltswerte - allerdings von richtiger Größenordnung - darstellen. Die Produktion von charakteristischer Strahlung in der Röntgenröhre vergrößert die Ionendosisleistung. Andererseits wird der besonders ins Gewicht fallende niederenergetische Anteil der Bremsstrahlung durch die Luftabsorption herabgesetzt. Bei höheren Genauigkeitsansprüchen wird man auf eine Messung der Dosisleistung mit luftäquivalenten Ionisationskammern kaum verzichten können. In der Fig. 7.30 ist die spektrale Verteilung von 100 kV-Röntgenstrahlung bei verschiedener Filterung dargestellt, aus der sich der Anteil der charakteristischen Strahlung abschätzen läßt. Man sieht deutlich, daß nach Filterung der Anteil der produzierten Wolfram-L-Strahlung zu vernachlässigen ist.

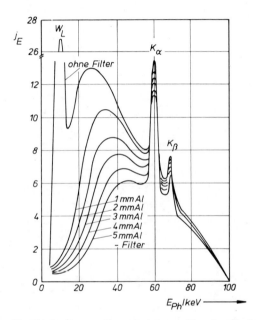

Fig. 7.30 Photonenflußdichte pro Energieintervall als Funktion der Photonenenergie für 100 kV-Röntgenstrahlung bei verschiedener Aluminium-Filterung (nach International Commission on Radiation Units and Measurements, Report 17).

8. Strahlenschutz

8.1 Die schädigende Wirkung ionisierender Strahlung

Die schädigende Wirkung ionisierender Strahlung auf den lebenden Organismus bei hohen Dosiswerten ist lange bekannt. So trug B e q u e r e l 1901 ein Radiumpräparat in der Westentasche mit sich herum, nach zwei Wochen zeigte die Bauchhaut Verbrennungserscheinungen mit einer schwer abheilenden geschwürartigen Wunde. Im Jahr 1902 wurde der erste Strahlenkrebs beobachtet. 1903 und 1904 entdeckte man bei Tierversuchen die sterilisierende Wirkung der Röntgenstrahlung auf Keimdrüsen und Ovarien, ebenso die Schädigung blutbildender Organe. Bei Ärzten und anderen Personen, die sich berufsmäßig mit Röntgenstrahlen beschäftigten, traten in der Folgezeit chronische Entzündungen, schmerzhafte Geschwüre und Dauerveränderungen der Haut auf, die zu einer schweren Plage für die Betroffenen wurden. Auf dem Gelände des Krankenhauses St. Georg in Hamburg ist ein Denkmal für die Opfer der Radiologie errichtet, auf dem 359 Namen derer eingemeißelt sind, die ihre berufsmäßige Beschäftigung mit den ionisierenden Strahlen mit ihrem Leben bezahlen mußten.

Die bösen Erfahrungen, die gerade die Pioniere der Radiologie an ihrem Leibe machten, haben schon bald umfangreiche Maßnahmen zum allumfassenden Strahlenschutz veranlaßt, die heute international diskutiert und zur Grundlage von Gesetzen und Verordnungen gemacht werden. Die Entdeckung der mutationsauslösenden Wirkung ionisierender Strahlen am Jahre 1927 und der durch sie bedingten Erbschädigungen machte es erforderlich, auch kleinste Dosen ionisierender Strahlung in die Betrachtung einzubeziehen, weil eine eventuelle Schädigung nicht nur das Individuum selbst, sondern auch die Nachkommenschaft und somit ein Bevölkerungsproblem betrifft.

Wenn auch die schädigende Wirkung ionisierender Strahlung nachhaltig erwiesen ist, darf man die erkannte Gefahr auch nicht überbewerten. Die menschliche Population war seit jeher der natürlichen Strahlenbelastung durch kosmische Strahlung und terristische Quellen ausgesetzt und hat sich zu der - aus unserer Sicht positiv oder negativ zu bewertenden - gegenwärtigen Struktur entwickelt.

Die Belastbarkeit des menschlichen Organismus durch ionisierende Strahlung muß sich an zwei Grenzwerten orientieren: Auf der einen Seite steht die letale

Dosis, die per definitionem Auswirkungen auf die Population nicht haben kann.
Die Tab. 8.1 gibt nach Publikationen der International Atomic Energy Agency,
Wien Anhaltswerte für die Energiedosen, die innerhalb von 30 Tagen für 50% der
bestrahlten Lebewesen tödlich wirken (Kurzbezeichnung $LD_{50/30}$ = Letaldosis für
50% der Objekte in 30 Tagen):

Lebewesen	Energiedosis (Gy = J/kg)
Tabak-Mosaik-Virus	2000
Amöbe, Wespe	1000
Diplococcus pneumoniae	300
Schnecke	200
Fledermaus	150
Escherichia coli B	40
Ratte, Hamster	8,0
Kaninchen	7,0
Maus	5,6
Rhesusaffe	5,4
Mensch	4,5
Meerschweinchen	4,0
Hund	2,6
Schwein, Ziege	2,5

Tab. 8.1 Letaldosen $LD_{50/30}$ für verschiedene Lebewesen (Richtwerte der Atomic
Energy Agency, Wien).

Es ist instruktiv, die Letaldosis $LD_{50/30}$ des Menschen mit einer anderen Energieform zu vergleichen. Bei der Letaldosis wird dem Menschen durch ionisierende Strahlung eine Energie von 4,5 J/kg zugeführt. Eine entsprechende Wärmezu-
fuhr würde zu einer Erhöhung der Körpertemperatur von

$$\Delta t = \frac{1}{c} \cdot \frac{\Delta E}{\Delta m} = \frac{1}{4200 \ J/(kg \cdot grad)} \cdot 4,5 \ J/kg \approx \frac{1}{1000} \ °C$$

führen, wobei für die spezifische Wärme c der Wert für Wasser (als Modellsubstanz) benutzt wurde.

Ein zweiter Vergleich: Die Zunahme der potentiellen Energie von 4,5 J/kg entspricht einer Hubhöhe im Schwerefeld der Erde von

$$\Delta h = \frac{1}{g} \cdot \frac{\Delta E}{\Delta m} = \frac{1}{9,81 \ m/s^2} \cdot 4,5 \ J/kg \approx 0,5 \ m \ ,$$

wobei g = 9,81 m/s² die Erdbeschleunigung ist.

Auf der anderen Seite steht die ständige Belastung der Menschheit durch die
natürlich bedingte Strahlung. Sie ist Grundlage staatlicher Gesetzgebung, um

der Bevölkerung einen nachhaltigen Schutz vor wie auch immer gearteten Schäden durch zivilisatorisch bedingte Strahlenbelastungen zu gewährleisten.

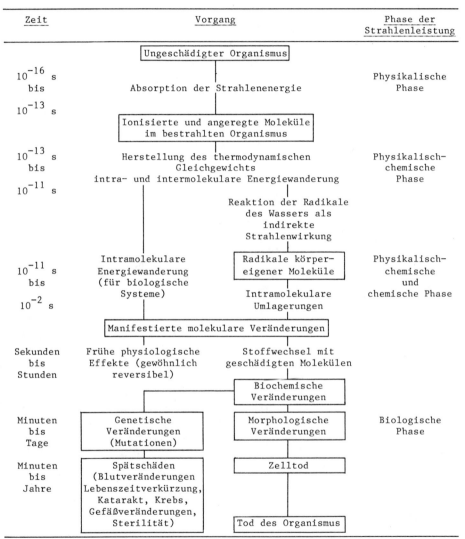

Zeit	Vorgang	Phase der Strahlenleistung
10^{-16} s bis 10^{-13} s	**Ungeschädigter Organismus** — Absorption der Strahlenenergie	Physikalische Phase
10^{-13} s bis 10^{-11} s	**Ionisierte und angeregte Moleküle im bestrahlten Organismus** — Herstellung des thermodynamischen Gleichgewichts intra- und intermolekulare Energiewanderung	Physikalisch-chemische Phase
	Reaktion der Radikale des Wassers als indirekte Strahlenwirkung	
10^{-11} s bis 10^{-2} s	Intramolekulare Energiewanderung (für biologische Systeme) / **Radikale körpereigener Moleküle** — Intramolekulare Umlagerungen	Physikalisch-chemische und chemische Phase
Sekunden bis Stunden	**Manifestierte molekulare Veränderungen** — Frühe physiologische Effekte (gewöhnlich reversibel) / Stoffwechsel mit geschädigten Molekülen	
	Biochemische Veränderungen	
Minuten bis Tage	**Genetische Veränderungen (Mutationen)** / **Morphologische Veränderungen**	Biologische Phase
Minuten bis Jahre	**Spätschäden (Blutveränderungen Lebenszeitverkürzung, Katarakt, Krebs, Gefäßveränderungen, Sterilität)** / **Zelltod**	
	Tod des Organismus	

Tab. 8.2 Der zeitliche Ablauf der Wirkung absorbierter Strahenenergie bei Menschen und Säugetieren (nach Sauter, Grundlagen des Strahlenschutzes). Intramolekulare Energiewanderung erfolgt innerhalb eines Moleküls. Intermolekulare Energiewanderung erfolgt von einem Molekül zu einem anderen.

Äquivalentdosis (Sievert = J/kg)	Strahlenwirkung auf den Menschen
0 bis 0,25	Keine klinisch erkennbaren Wirkungen, Spätwirkungen können auftreten.
0,25 bis 1	Leichte vorübergehende Veränderung des Blutbildes (Rückgang der Lymphozyten und Neutrophilen). Die Betroffenen sollten in Notfällen ihre normale Tätigkeit fortsetzen können, da eine Beeinträchtigung ihrer Arbeitsfähigkeit kaum zu erwarten ist. Spätwirkungen können auftreten, jedoch ist die Wahrscheinlichkeit des Auftretens ernster Schäden für Einzelpersonen sehr gering.
1 bis 2	Übelkeit und Müdigkeit bei Äquivalentdosen von mehr als 1,25 Sv, möglicherweise mit Erbrechen verbunden. Veränderung des Blutbildes (Rückgang der Lymphozyten und Neutrophilen) mit verzögerter Erholung. Spätwirkungen können die Lebenserwartung um etwa 1% reduzieren.
2 bis 3	Übelkeit und Erbrechen am 1. Tag. Nach einer Latenzzeit bis zu 2 Wochen oder mehr treten die folgenden Symptome in leichter Form auf: Appetitverlust, allgemeine Übelkeit, Halsweh, Blässe, Durchfall, mittelmäßige Abmagerung. Sofern der Gesundheitszustand nicht schon vor der Bestrahlung schlecht gewesen ist und keine Komplikationen durch überlagerte Schäden oder Infektionen zu erwarten sind, ist Erolung innerhalb von 3 Monaten wahrscheinlich.
3 bis 6	Übelkeit, Erbrechen und Durchfall nach wenigen Stunden. Nach einer Latenzzeit, die bis zu einer Woche dauern kann, treten die folgenden Symptome auf: Epilation, Appetitverlust, allgemeines Unwohlsein, während der zweiten Woche Fieber, danach Hämorrhagie (innere Blutungen), Purpura (purpurfarbene Flekken auf der Haut, bedingt durch subkutanen Austritt von Blut aus den Blutgefäßen), Petechie (punktförmige Hautblutung bedingt durch Zerreißen von Blutkapillaren), Durchfall, mittlere Abmagerung in der 3. Woche, Entzündung von Mundhöhle und Rachenraum. Einige Todesfälle sind in dem Zeitraum von 2 - 6 Wochen zu erwarten. Bei Äquivalentdosen von etwa 4,5 Sv muß in 50% der Fälle mit dem Tod gerechnet werden.
6 und mehr	Übelkeit, Erbrechen und Durchfall nach wenigen Stunden. Nach kurzer Latenzzeit gegen Ende der ersten Woche treten die folgenden Symptome auf: Durchfall, Hämorrhagie, Purpura, Entzündung von Mundhöhle und Rachenraum, Fiber. Schnelle Abmagerung und erste Todesfälle bereits in der zweiten Woche. In nahezu 100% der Fälle muß mit dem Tod gerechnet werden.

Tab. 8.3 Strahlenwirkungen auf den Menschen bei verschiedenen Äquivalentdosen (Richtwerte). 1 Sievert entspricht einer Ionendosis von 100 R.

Bei der Schädigung des Menschen durch ionisierende Strahlen werden unterschieden:

Somatische Wirkungen (körperliche Wirkungen)

    Krebserzeugende Wirkungen (Leukämie, sonstige Neoplasien, Schilddrüsen-
        karzinome, Knochensarkome),

    Entwicklung anderer Anomalien,

    Unspezifische Reduzierung der Lebenserwartung, soweit nicht durch krebs-
        erzeugende Wirkungen oder andere Anomalien bedingt,

    Sonstige Wirkungen (z.B. Linsentrübung des Auges).

Genetische Wirkungen (Erbschäden)

    Chromosomale Anomalien, Genmutationen.

Der zeitliche Ablauf der Wirkung absorbierter Strahlenenergie beim Menschen
und bei Säugetieren läßt sich etwa wie in Tab. 8.2 schematisieren.

Während das Risiko für den einzelnen Menschen bei niedrigen Strahlendosen nur
mit statistischen Methoden für die gesamte Population erfaßbar ist, lassen
sich die Schäden bei hohen Strahlendosen recht gut angeben. In der Tab 8.3
sind die Folgen einer kurzzeitigen Ganzkörperbestrahlung zusammengefaßt.

Am Tage nach der Strahleneinwirkung	Erythembildung
Nach einigen Tagen	Ödembildung
Nach 2 Wochen	Entzündung
Nach 3 Wochen	Schmierig belegtes Röntgenstrahlen-Ulkus
Nach 5 Wochen	Deutliche Erholung
Nach 10 Wochen	2. Welle der Schädigung, erneut Epitheldefekte, anschließendend Besserung bis zur 20. Woche
Nach 24 Wochen	3. Welle der Schädigung, Auftreten von Ulzerationen
Nach 12 bis 25 Monaten	Amputation der bestrahlten Finger

Tab. 8.4 Verlauf einer Schädigung der Hand durch Röntgenstrahlen (Bestrahlung
mit einer Ionendosis von 3000 R - 6000 R, das entspricht einer Äquivalentdosis von etwa 30 Sv - 60 Sv).

Ganzkörperbestrahlungen der geschilderten Art sind selten. Sehr viel leichter
dagegen kann ein Strahlenunfall an den Extremitäten auftreten, z.B. eine Über-
dosis an den Händen bei unvorsichtigen Justierarbeiten im Strahlengang einer
Röntgenröhre. Für einen solchen Fall sind in Tab. 8.4 die Symptome nach einer
Bestrahlung von 3000 R - 6000 R (30 Sv - 60 Sv) zusammengestellt.

8.2 Natürliche und zivilisatorische Strahlenbelastung des Menschen

Die natürliche Strahlung auf der Erdoberfläche setzt der Strahlenbelastung des
Menschen auf der Erdoberfläche unverrückbare untere Grenzwerte. Für die Verhältnisse in der Bundesrepublik gelten etwa die Werte der Tab. 8.5. Die Beiträ-
ge zur Äquivalentdosis sind für die Gonaden, die Knochen und die Lungen geson-
dert ausgewiesen. Während die äußeren Strahlenquellen den Körper gleichmäßig
belasten, ergeben sich für die inneren Strahlenquellen erhebliche Unterschie-
de, je nachdem wie die radioaktiven Nuklide am Stoffwechsel beteiligt sind.
Auffällig sind die großen Anteile von Radium für die Knochenbelastung und von
Radon bei der Lungenbelastung.

Art und Ursache der Strahlenbelastung	Beiträge zur Äquivalentdosis (pro Jahr)		
	Gonaden mrem	Knochen mrem	Lungen mrem
Äußere Strahlenquellen			
Kosmische Strahlung*	50	50	50
Radioaktive Stoffe der Umwelt (Boden und Luft) (U-238, Th-232 und Zerfallsprodukte, K-40, Rn-220, Rn-222)	49	49	49
Innere Strahlenquellen			
Radioaktive Stoffe im Körper K-40	19	11	15
(Aufnahme über die Nahrung) Ra-226, Ra-228	3	72	5
sonstige (H-3, C-14, Rb-87, Po-210, Rn-220, Rn-222, U-238)	4	18	4
Radioaktive Stoffe in der Lunge Rn-220			175
(Aufnahme über die Atemluft) Rn-222			130
Summe	125	200	428

*Der Wert für die kosmische Strahlung gilt für 50° nördliche Breite und
0 m NN. Innerhalb eines Bereiches von einigen 1000 m verdoppelt sich der Wert
etwa jede 1500 m über dem Meeresspiegel.

Tab. 8.5 Jährliche Strahlenbelastung des Menschen durch ionisierende Umweltstrahlung (nach Jäger-Hübner, vereinfacht).

Zu der natürlichen Strahlenbelastung kommt ein gewisser Beitrag, der durch
zivilisatorische Maßnahmen verursacht wird. Hierher zählt die Belastung durch
medizinische Maßnahmen (Diagnostik und Therapie). Für das einzelne Individuum
können diese Strahlenbelastungen erheblich sein. Für eine Beurteilung der Auswirkungen auf die Gesamtbevölkerung bildet man Mittelwerte, die der Tatsache
Rechnung tragen, daß medizinische Maßnahmen im allgemeinen keine Ganzkörperbe-

strahlungen sind und genetisch empfindliche Organe hierbei besonders geschützt werden.

Die Tabelle 8.6 gibt Anhaltspunkte für Strahlenbelastungen bei medizinischen Untersuchungen (Diagnostik und Therapie). Durch Fortentwicklung der angewandten Techniken wird intensiv und erfolgreich daran gearbeitet, die angegebenen Werte immer mehr zu verringern. Die m i t t l e r e genetische Strahlenbelastung für die Population durch medizinische Maßnahmen beträgt in Deutschland etwa 25 mrem/Jahr. Hinzu kommt eine Strahlenbelastung der Bevölkerung durch Kleinquellen (z.B. Leuchtzifferblätter) und durch verschiedene industrielle Anwendungen. Vor allem sind hier die Fernsehgeräte zu nennen, besonders die mit hohen Bildröhrenspannungen betriebenen Farbfernseher. Nach einer Veröffentlichung des Bundesgesundheitsamtes beträgt die Strahlenbelastung der Bevölkerung durch das Fernsehen etwa 0,7 mrem/Jahr. Eine weitere Belastung entsteht der Bevölkerung durch den auch heute noch nicht zu vernachlässigen Fallout

Zweck der ärztlichen Maßnahme	Dosis
Diagnostik	
Radiojodtest	0,1 R
Intravenöses Pyelogramm (Röntgenaufnahme des Nierenbeckens und der Harnwege)	0,5 R
Magen-Darm-Passage mit Durchleuchtung und 5 Aufnahmen	1 R
Kontrasteinlauf mit Durchleuchtung und 2 Aufnahmen	2 R
Aufnahmen	
Lunge (Reihenuntersuchung)	75 mR bei 65 kg Körpergewicht 100 mR bei 85 kg Körpergewicht
Lunge	0,1 R
Magen, Galle, Niere	1,5 bis 3 R
Extremitäten, Schädel, Becken, Wirbelsäule	1 bis 4 R
Zähne	bis 3 R
Schwangerschaft	4 bis 8 R
Therapie	
Lokale Behandlung von Entzündungen	50 bis 200 R
Krebsbekämpfung maximal	3.000 bis 5.000 R 10.000 R
Oberflächentherapie	10.000 R

Tab. 8.6 Strahlenbelastung des Menschen bei medizinischen Maßnahmen (nach Sauter, Grundlagen des Strahlenschutzes, Stand der Angaben 1970).

(radioaktiver Niederschlag aus der Atmosphäre) der Atombombenversuche (etwa
1 mrem pro Jahr). Die Strahlenbelastung durch die friedliche Nutzung der Kernenergie (Kernkraftwerke) ist durch die sehr aufwendigen Sicherheitsmaßnahmen
gering und kann unter 1 mrem pro Jahr angesetzt werden. Ebenso spielt die
berufliche Strahlenbelastung wie auch die erhöhte Belastung bei Flugreisen
(Zunahme der Höhenstrahlung) für die mittlere genetische Belastung der Bevölkerung keine Rolle.

Die natürliche und zivilisatorische Strahlenbelastung kann von Person zu
Person wie auch von Ort zu Ort erheblich schwanken. So werden z.B. als Grenzen
der jährlichen Strahlenbelastung über definierten geologischen Strukturen die
Werte der Tab. 8.7 angegeben:

Granit	(140 bis 220) mrem/Jahr
Gneis	(90 bis 290) mrem/Jahr
Kalkgestein	(20 bis 140)mrem/Jahr
Sandstein	(80 bis 110) mrem/Jahr
Wohnungen (je nach verwendetem Baumaterial)	bis zu 500 mrem/Jahr

Tab. 8.7 Äquivalentdosen bei ständigem Aufenthalt über verschiedenen geologischen Strukturen.

Als Anhaltswert für die Gesamtstrahlenbelastung der Bevölkerung in Mitteleuropa durch

        a) Kosmische Strahlung (Höhenstrahlung)

        b) Radioaktive Stoffe der Umwelt

        c) Inkorporierte radioaktive Stoffe

        d) Zivilisatorisch bedingte Strahlung (Medizin, Technik)

kann man im Durchschnitt eine Äquivalentdosis von

$$D_q = 1,5 \text{ mSv/Jahr} = 150 \text{ mrem/Jahr}$$

angeben.

8.3 Höchstzulässige Äquivalentdosen für den Menschen

Bei der Festlegung höchstzulässiger Äquivalentdosen für den Menschen in Gesetzen und Verordnungen unterscheidet man zwischen beruflich strahlenexponierten
Personen und Einzelpersonen der Bevölkerung, man unterscheidet Normalbedingun-

gen (normale Betriebsbedingungen, Routinearbeiten) von Notstandsbedingungen und außerdem die biologische Empfindlichkeit verschiedener Organe gegenüber ionisierender Strahlung. In der DIN-Vorschrift 6814 Blatt 5 wird unterschieden:

Beruflich strahlenexponierte Personen: Beruflich strahlenexponierte Personen sind Personen, bei denen infolge beruflicher Strahlenexposition eine Körperdosis, eine Inkorporationsaktivität oder Kontaminationsaktivität (durch Verunreinigung der Haut durch offene radioaktive Stoffe) auftreten kann, die den höchstzugelassenen Werten für diesen Personenkreis so nahe kommt, daß an dem Ort, an dem sie dieser Strahlenexposition ausgesetzt sind, die Bedingungen für einen Kontrollbereich bestehen. Diese Voraussetzung gilt als erfüllt, wenn bei einer Person infolge beruflicher Strahlenexposition von außen eine Ganzkörperdosis oder eine Körperdosis in dem blutbildenden Gewebe oder den Keimdrüsen oberhalb 1,5 rem (0,015 Sv) im Jahr, entsprechend einer relativen Jahresdosis-
*für beruflich strahlenexponierte Personen oberhalb von 0,3 rem (0,003 Sv) oder infolge beruflicher Strahlenexposition von innen eine relative Jahresdosis für beruflich strahlenexponierte Personen oberhalb 0,1 rem (0,001 Sv) auftreten kann. Letzteres muß z.B. beim Arbeiten mit offenen adioaktiven Stoffen in genehmigungspflichtigen Mengen angenommen werden.

Beruflich nicht strahlenexponierte Einzelpersonen: Beruflich nicht strahlenexponierte Einzelpersonen (kurz Einzelpersonen) sind Personen, die sich nicht in Kontrollbereichen und höchstens gelegentlich in engen Überwachungsbereichen aufhalten, so daß bei ihnen die für Einzelpersonen höchstzugelassenen Körperdosen, Inkorporationsaktivitäten und Kontaminationsaktivitäten nicht überschritten werden können.

Für beruflich strahlenexponierte Personen sind in der Tab. 8.8 die höchstzulässigen Äquivalentdosen D_q, aufgeschlüsselt nach verschiedenen Körperorganen, für normale Betriebsbedingungen angegeben. In besonderen Fällen können die angegebenen Grenzwerte überschritten werden, sofern dadurch die seit dem 18. Lebensjahr akkumulierte Gesamtkörperdosis (Lebensalterdosis) den Wert

---

Die relative Körperdosis ist das Verhältnis zwischen der tatsächlich in einem kritischen Organ einer Person innerhalb einer anzugebenden Zeitspanne erreichten Körperdosis und der höchstzugelassenen Körperdosis für dieses Organ, für den Personenkreis, dem diese Person angehört, und für diese Zeitspanne.

$$D_q = 5 \cdot (N - 18) \text{ rem} \tag{8.1}$$

(N Anzahl der Lebensjahre der betreffenden Person) nicht überschreitet. Die höchstzugelassene Körperdosis wird in DIN 6814 Blatt 5 festgelegt:

Organ bzw. Gewebe	Äquivalentdosis D_q*	
	im Quartal rem	im Jahr rem
Gonaden	3	5
Rotes Knochenmark	3	5
Gesamtkörper (bei gleichmäßiger Bestrahlung)	3	5
Haut	15	30
Schilddrüse	15	30
Knochen	15	30
Hände und Unterarme	40	75
Füße und Knöchel	40	75
Alle anderen Organe	8	15

* Ohne Strahlenbelastungen durch natürliche Strahlung und durch ärztliche Strahlenanwendungen und ohne die Strahlenbelastungen, die diese Personen als einzelne Personen der Bevölkerung (also außerhalb ihrer Arbeitszeit als Strahlenbeschäftigte) empfangen haben.

Tab. 8.8 Höchstzulässige Stahlenbelastungen der menschlichen Organe für beruflich strahlenexponierte Personen.

Die höchstzugelassene Körperdosis ist die Summe aller Körperdosen infolge von Strahlenexpositionen einer Person von außen und von innen, die nach geltenden Rechtsvorschriften oder anerkannten Strahlenschutzempfehlungen für einen anzugebenden Personenkreis in einem anzugebenden kritischen Organ und einer anzugebenden Zeitspanne nicht überschritten werden dürfen. Wird bei der Angabe höchstzugelassener Körperdosen die Angabe des Personenkreises ausnahmsweise unterlassen, so sind darunter im allgemeinen höchstzugelassene Körperdosen für beruflich strahlenexponierte Personen zu verstehen. Höchstzugelassene Körperdosen sind, wenn nicht ein anderes kritisches Organ ausdrücklich angegeben ist, stets als höchstzugelassene Ganzkörperdosen zu verstehen. Bei Notstandsbedingungen (Rettung von Personen, Verhütung hoher Strahlenbelastungen eines weiten Personenkreises, Bergung besonders wertvoller Apparaturen) können noch höhere Belastungswerte zugelassen werden. Wenn es sich um Rettung von Menschenleben handelt, kann eine Gesamtkörperdosis von 100 rem akzeptiert werden. Dagegen sollte in allen übrigen Fällen eine Gesamtkörperdosis von 25 rem, besser 12 rem nicht überschritten werden.

Auf die besonders festgelegten Höchstdosen für weibliche Beschäftigte im fortpflanzungsfähigen Alter (insbesondere Schwangere) und für Jugendliche soll be-

sonders hingewiesen werden. In der Tab. 9.3 (Anhang) sind die in der Röntgenverordnung vom 1. März 1973 festgesetzten Höchstdosen tabellarisch zusammengestellt, sie gelten entsprechend nach der Strahlenschutzverordnung vom 13. Oktober 1976.

Die festgelegten höchstzulässigen Äquivalentdosen für die verscheidenen Bevöl-
kerungsgruppen bedürfen auf der einen Seite der praktischen Feststellung im
konkreten Fall, auf der anderen Seite besteht sowohl der Wunsch als auch die
Pflicht, Vorhersagen über eine mögliche relevante Körperdosis zu machen. Die
Personendosis ist die Grundlage zur Bestimmung der Körperdosis. Letztere kann
nicht durch Messung bestimmt werden. Sie wird bei Strahlenexposition von außen
unter Berücksichtigung der Strahlenart, der Strahlenenergie, des Bewertungsfak-
tors und der räumlichen Dosisverteilung sowie der kritischen Tiefen, Volumina
und Flächen aus der Personendosis ermittelt. Ist die Körperdosis in einem
bestimmten kritischen Organ gemeint, so könen Benennungen wie "Ganzkörperdosis", "Knochenmarkdosis", "Keimdrüsendosis" usw. angewendet werden (jedoch
nicht "Hautdosis", wegen der Gefahr von Verwechselungen mit dem gleichlauten-
den, aber anders definierten, in der Strahlentherapie benutzten Begriff). Die
Personendosis ist die Energiedosis für Weichteilgewebe oder die Standard-
Gleichgewicht-Ionendosis, gemessen an einer für die Strahlenexposition als re-
präsentativ geltenden Stelle der Körperoberfläche einer Person. Als repräsen-
tativ gelten bei Strahlenexposition von außen folgende Körperstellen: Bei hinreichend genau bekannter Dosisverteilung eine Stelle der Körperoberfläche, die
möglichst nahe an der Verbindungsstelle zwischen der Strahlenquelle und dem in
Betracht kommenden kritischen Organ liegt; bei Teilkörperexposition der Hände
und Unterarme mit nicht genau bekannter Dosisverteilung ein Finger der Arbeits-
hand; bei Teilkörperexposition der Füße und Unterschenkel mit nicht genau
bekannter Dosisverteilung eine Knöchelregion; bei Ganzkörperexposition die
Brust, sofern nicht für bestimmte Strahlenanwendungen andere Körperstellen
durch besondere Strahlenschutzregeln festgelegt werden. Die Personendosis (und
damit die Körperdosis) läßt sich aus der Kenntnis der Ortsdosis (Ortsdosisleistung und Aufenthaltsdauer) vorhersagen. Es wird definiert (DIN 6814 Blatt 5):

Die Ortsdosis (Ortsdosisleistung) ist die Energiedosis (Energiedosisleistung)
oder Äquivalentdosis (Äquivalentdosisleistung) für Weichteilgewebe oder die
Standard-Gleichgewicht-Ionendosis (Standard-Gleichgewicht-Ionendosisleistung)
an einem anzugebenden Ort unter anzugebenden Meßbedingungen. Jede Quelle ionisierender Strahlung (Röntgenröhre, radioaktive Nuklide) verursacht in ihrer
Umgebung eine jedem Ort zuzuordnende Energie-Dosisleistung $\dot{D}_{Energie}$. Multipli-

ziert man diese Dosisleistung mit der Aufenthaltsdauer t der Person an diesem Ort, so erhält man die Personendosis

$$D_{Person} = \dot{D}_{Energie} \cdot t_{Aufenthaltsdauer} \cdot \qquad (8.2)$$

In der Umgebung einer Quelle hat man somit Bereiche mit hoher Energiedosisleistung, in denen eine hohe Personengefährdung möglich ist, zu unterscheiden von solchen, in denen nur sehr lange Aufenthaltszeiten zu bedenklichen Personendosen führen. Man unterscheidet daher (DIN 6814 Blatt 5) folgende Bereiche und Zonen:

8.4 Strahlenschutzbereiche und Schutzzonen

Überwachungsbereich: Der Überwachungsbereich ist ein Raum, der Teil eines Raumes, eine Gruppe von Räumen oder ein bestimmter Bezirk eines Freigeländes, in dem wegen der dort zu erwartenden Strahlenexposition Überwachungen durchgeführt werden müssen, um festzustellen, ob und gegebenenfalls wo Aufenthaltsoder Zutrittsbeschränkungen für bestimmte Personenkreise erforderlich sind.

Nach den in Deutschland geltenden Rechtsvorschriften erstreckt sich ein Überwachungsbereich auf zugängliche Orte, an denen bei Personen, die sich dort dauernd (24 Stunden am Tag und 360 Tage im Jahr) aufhalten, eine Jahresdosis oberhalb 0,15 rem (0,0015 Sv) auftreten kann. Dies gilt jedoch nur für Überwachungsbereiche, die unmittelbar an Kontrollbereiche angrenzen.

In der Umgebung von ortsveränderlich betriebenen Strahlenquellen entstehen ortsveränderliche Überwachungsbereiche, deren Grenzen jedoch so festzulegen sind, als würde die Strahlenquelle an dem jeweiligen Ort ortsfest betrieben. Der Überwachungsbereich besteht nur während der Zeit, in der durch den Betrieb einer Strahlenquelle oder die Anwesenheit radioaktiver Stoffe eine Strahlenexposition von Personen unter den angegebenen Bedingungen auftreten kann (Einschaltzeit).

Engerer Überwachungsbereich: Der engere Überwachungsbereich ist der Teil eines Überwachungsbereiches, in dem wegen der dort bei dauerndem Aufenthalt von Personen zu erwartenden Überschreitung der für Einzelpersonen höchstzugelassenen Jahresdosis Aufenthaltsbeschränkungen für beruflich nicht strahlenexponierte Personen erforderlich sind.

Kontrollbereich: Der Kontrollbereich ist ein Raum, der Teil eines Raumes, eine Gruppe von Räumen oder ein abgrenzbarer Bezirk eines Freigeländes, in dem wegen der dort zu erwartenden Strahlenexposition Zutritts- und Aufenthaltsbeschränkungen sowie Überwachungen von beruflich Strahlenexponierten Personen, des Umgangs mit Strahlenquellen und gegebenenfalls der Strahlenexposition des Patienten erforderlich sind.

Nach den in Deutschland geltenden Rechtsvorschriften erstreckt sich ein Kontrollbereich auf Orte, an denen bei Personen, die sich dort während ihrer ganzen Arbeitszeit (40 Stunden in der Woche, 50 Wochen oder 2000 Stunden im Jahr) aufhalten, infolge beruflicher Strahlenexposition durch radioaktive Stoffe von außen oder von innen eine Jahresdosis oberhalb 1,5 rem (0,015 Sv) oder eine Konzentration radioaktiver Stoffe in der Atemluft oberhalb eines Neuntels der für beruflich strahlenexponierte Personen höchstzugelassene Konzentration in Atemluft auftreten kann.

In der Umgebung von ortsveränderlich betriebenen Strahlenquellen entstehen ortsveränderliche Kontrollbereiche, deren Grenzen jedoch so festzulegen sind, als würde die Strahlenquelle an dem jeweiligen Ort ortsfest betrieben. Der Kontrollbereich besteht nur während der Zeit, in der durch den Betrieb einer Strahlenquelle oder die Anwesenheit radioaktiver Stoffe eine Strahlenexposition von Personen unter den angegebenen Bedingungen auftreten kann (Einschaltzeit).

Gefahrenbereich: Der Gefahrenbereich ist der Teil eines Kontrollbereichs, in dem wegen der dort beim Aufenthalt von Personen während der ganzen Arbeitszeit zu erwartenden Überschreitung der für beruflich strahlenexponierte Personen höchstzugelassenen Jahresdosis Aufenthaltsbeschränkungen oder entsprechende besondere Schutzmaßnahmen für die sich dort aufhaltenden Personen erforderlich sind.

Sperrbereich: Der Sperrbereich ist der Teil eines Kontrollbereiches, in dem wegen der dort schon bei kurzem Aufenthalt von Personen zu erwartenden Überschreitung der für beruflich strahlenexponierte Personen höchstzugelassenen Einzeldosis ein Aufenthaltsverbot für alle Personen, ausgenommen Patienten bei medizinischen Strahlenanwendungen, erforderlich ist.

Grenze, Abgrenzung und Kennzeichnung von Strahlenschutzbereichen: Die G r e n z e eines Strahlenschutzbereiches ist durch die Höhe der relativen

Körperdosis (vgl. Fußnote S. 155) bestimmt, die bei einer Person während der in diesem Bereich zu erwartenden Aufenthaltszeit infolge beruflicher oder außerberuflicher Strahlenexposition auftreten kann.

Die   A b g r e n z u n g   eines Strahlenschutzbereiches ist eine sichtbare Umgrenzung, die den Strahlenschutzbereich vollständig umfaßt. Die Abgrenzung kann aus psychologischen Gründen oder organisatorischen Gründen oder zur Erhöhung der Sicherheit außerhalb der Grenze des Strahlenschutzbereiches liegen.

Die   K e n n z e i c h n u n g   eines Strahlenschutzbereiches ist eine an der Abgrenzung angebrachte Markierung, die auf den Bereich aufmerksam macht.

Schutzzonen: Schutzzonen sind Teile eines Kontrollbereiches in der Nähe von Strahlenquellen (Strahler, Patient), in denen bei bestimmungsmäßigem Gebrauch und anzugebenden Betriebsdedingungen eine anzugebende Ortsdosisleistung nicht überschritten werden kann.

Diese Ortsdosisleistung ergibt sich aus den für beruflich strahlenexponierte Personen bei Strahlenexposition von außen höchstzugelassenen Körperdosen und den Einschaltzeiten und Aufenthaltszeiten.

Nach den angeführten Definitionen ist der Überwachungsbereich dadurch gekennzeichnet, daß bei Daueraufenthalt die durch natürliche Strahlenbelastung bedingte Dosis von etwa 150 mrem/a (= 1,5 mSv/a) überschritten werden kann. Bei 8760 Stunden pro Jahr ergibt sich, daß der Überwachungsbereich bei einer Orts-Äquivalentdosisleistung von

$$\dot{D}_q = 0,02 \text{ mrem/Stunde } (0,2 \text{ µSv/h}) \quad \text{(Überwachungsbereich)}$$

beginnt. Die Festlegung des Kontrollbereiches orientiert sich an beruflich strahlenexponierten Personen, wenn sie während der normalen Arbeitszeit (2000 Stunden/Jahr) mehr als der 10-fachen natürlichen Strahlenbelastung (1,5 rem/Jahr oder 0,015 Sv/Jahr) ausgesetzt sind. Demnach beginnt der Kontrollbereich bei einer Orts-Äqauivalentdosisleistung von

$$\dot{D}_q = 0,75 \text{ mrem/Stunde } (0,75 \text{ µSv/h}) \quad \text{(Kontrollbereich)}$$

Kontrollbereiche müssen nach § 35 der Strahlenschutzverordnung mit einem Strahlenwarnzeichen (Flügelrad) gekennzeichnet werden. Die Kennzeichnung muß die Worte "VORSICHT - STRAHLUNG" oder "RADIOAKTIV" enthalten und nach § 58 den

Zusatz "KONTROLLBEREICH". Die Röntgenverordnung verlangt in § 15 die Abgrenzung der Kontrollbereiche und eine Kennzeichnung, die mindestens die Worte "KEIN ZUTRITT - RÖNTGEN" enthält.

Der angegebene Grenzwert für den Kontrollbereich gilt für den Dauerbetrieb der Strahlenquelle. Da bei Röntgenanlagen die Einschaltzeit kleiner ist als die Arbeitszeit des strahlenexponierten Personals, kann der Grenzwert für den Kontrollbereich bei medizinischen Röntgenanlagen während der Einschaltzeit höher angesetzt werden. In dem DIN-Blatt 6812 sind entsprechende Werte angegeben und die notwendigen Wanddicken für Abschirmungen der Nutz- und Streustrahlung dargestellt.

8.5 Röntgen- und Strahlenschutzverordnung

In den letzten Jahren hat sich der Strahlenschutz in der gesamten Welt stürmisch entwickelt. Internationale, nationale und regionale Institutionen haben eine Vielzahl von Gesetzen, Verordnungen, Normen und Empfehlungen herausgegeben. Eine umfassende Übersicht findet man im Literaturverzeichnis sowie (insbesondere internationale Publikationen) in dem Buch von Jäger und Hübner: Dosimetrie und Strahlenschutz.

Grundlage des Strahlenschutzes in der Bundesrepublik Deutschland ist das mehrfach geänderte und ergänzte "Gesetz über die friedliche Verwendung der Kernenergie und den Schutz gegen ihre Gefahren (Atomgesetz)", das am 1. Januar 1960 in Kraft trat und in § 1 bestimmt:

Der Zweck dieses Gesetzes ist

1. Die Erforschung, die Entwicklung und die Nutzung der Kernenergie zu friedlichen Zwecken zu fördern,

2. Leben, Gesundheit und Sicherheit vor den Gefahren der Kernenergie und der schädlichen Wirkung ionisierender Strahlen zu schützen und durch Kernenergie oder durch ionisierende Strahlen verursachte Schäden auszugleichen,

3. zu verhindern, daß durch die Anwendung oder Freiwerden der Kernenergie die innere oder äußere Sicherheit der Bundesrepublik gefährdet wird,

4. die Erfüllung internationaler Verpflichtungen der Bundesrepublik auf dem Gebiet der Kernenergie und des Strahlenschutzes zu gewährleisten.

Das Gesetz enthält Überwachungsvorschriften für die Beförderung und Verwahrung, die Bearbeitung, Verarbeitung und sonstige Verwendung von Kernbrennstof-

fen, Vorschriften zur Vorsorge für die Erfüllung gesetzlicher Schadenersatzver-
pflichtungen (Haftpflichtversicherung und sonstige Deckungsvorsorge), es
regelt die Zuständigkeit einzelner Behörden und enthält im letzten Abschnitt
schließlich Straf- und Bußgeldvorschriften.

Die praktische Durchführung des Strahlenschutzes ist durch zwei Verordnungen
festgelegt:

Verordnung über den Schutz vor Schäden durch ionisierende Strahlen (Strahlenschutzverordnung .- StrlSchV) vom 13. Oktober 1976 (BGBl. I Seite 2905.

Die am 1. April 1977 in Kraft getretene Verordnung gilt nach § 1 für

1. den Umgang mit radioaktiven Stoffen (Gewinnung, Erzeugung, Lagerung,
   Bearbeitung, Verarbeitung, sonstige Verwendung und Beseitigung), den
   Verkehr mit radioaktiven Stoffen (Erwerb und Abgabe an andere, die
   Beförderung, die Einfuhr und Ausfuhr radioaktiver Stoffe sowie die Auf-
   suchung, Gewinnung und Aufbereitung von radioaktiven Materialien,

2. Die Verwahrung von Kernbrennstoffen nach § 5 des Atomgesetzes, die
   Aufbewahrung von Kernbrennstoffen nach § 6 des Atomgesetzes, die Errichtung, den Betrieb oder die sonstige Innehabung einer Anlage nach § 7
   des Atomgesetzes, die Bearbeitung, Verarbeitung und sonstige Verwendung
   von Kernbrennstoffen nach § 9 des Atomgesetzes und

3. die Errichtung und den Betrieb von Anlagen zur Erzeugung ionisierender
   Strahlen (§ 11 Abs. 1 Nr. 2 des Atomgesetzes) mit einer Teilchen- oder
   Photonengrenzenergie von mindestens 5 Kiloelektronvolt einschließlich
   des Betriebs von Röntgeneinrichtungen im Zusammenhang mit dem Unter-
   richt in Schulen.

Die Strahlenschutzverordnung gilt nicht für die Errichtung und den Betrieb von
Röntgeneinrichtungen und Störstrahlern, die der Röntgenverordnung unterliegen.

Verordnung über den Schutz vor Schäden durch Röntgenstrahlen (Röntgenverordnung - RöV) vom 1. März 1973 (BGBl. I S. 173).

Die am 1. September 1973 in Kraft getretene Verordnung bestimmt in § 1:

Diese Verordnung gilt für Röntgeneinrichtungen und Störstrahler, in denen
Röntgenstrahlen mit einer Grenzenergie von mindestens 5 Kiloelektronvolt
durch beschleunigte Elektronen erzeugt werden können und bei denen die
Beschleunigugn der Elektronen auf eine Energie von mehr als 3 Megaelektron-
volt nicht möglich ist.

Hierbei werden unter dem Begriff "Störstrahler" Anlagen, Geräte oder Vorrichtungen verstanden, in denen ungewollt Röntgenstrahlen entstehen. Zu Störstrah-

lern zählen u.a. Kathodenstrahlröhren (Fernsehgeräte, Oszillographen), Hochspannungsgleichrichterröhren, Senderöhren, Elektronenstrahl-Schweißgeräte, Elektronenmikroskope, aber auch Beschleuniger für schwere Teilchen (Ionen), bei denen durch ausgelöste Sekundärelektronen Röntgenstrahlung entstehen kann.

Die Strahlenschutzverordnung enthält in ihrem 2. Teil Überwachungsvorschriften zum Umgang, zur Beförderung sowie zur Ein- und Ausfuhr radioaktiver Stoffe, insbesondere, wenn diese Tätigkeiten genehmigungs- oder anzeigepflichtig sind. Der Umgang mit radioaktiven Stoffen ist genehmigungsfrei, wenn es sich um geringe Mengen handelt, die die in der Anlage IV aufgeführten "Freigrenzen" nicht überschreiten.

Freigrenze	Nuklid
$0,1 \ \mu Ci = 3,7 \cdot 10^3$ Zerfälle/Sekunde (Bq)	Radium - 226 Strontium - 90
$1 \ \ \mu Ci = 3,7 \cdot 10^4$ Zerfälle/Sekunde (Bq)	Jod - 131 Cäsium - 137 Kobalt - 60
$10 \ \ \mu Ci = 3,7 \cdot 10^5$ Zerfälle/Sekunde (Bq)	Kohlenstoff - 14 Phosphor - 32
$100 \ \mu Ci = 3,7 \cdot 10^6$ Zerfälle/Sekunde (Bq)	Tritium (H-3) Technetium - 99^m

Tab. 8.9 Freigrenzwerte für einige wichtige Radionuklide nach der Anlage IV der Strahlenschutzverordnung in der Fassung vom 01.02.1977.

Bei gleichzeitigem Umgang mit verschiedenen radioaktiven Nukliden (einzeln oder in einem Gemisch) muß folgende Summenformel erfüllt sein

$$\frac{A_1}{F_1} + \frac{A_2}{F_2} + \ldots + \frac{A_n}{F_n} < 1 \ . \tag{8.3}$$

Darin sind A_1, A_2, ... , A_n die Aktivitäten der verschiedenen Nuklide, F_1, F_2, ... , F_n ihre Freigrenzwerte nach der Anlage IV.

In diesem 2. Abschnitt der Strahlenschutzverordnung ist in § 8 auch die Beförderung radioaktiver Stoffe geregelt. Danach ist die Beförderung radioaktiver Stoffe auf öffentlichen Verkehrswegen grundsätzlich genehmigungspflichtig (Ausnahmebestimmungen in § 9). Es gelten ähnliche Bestimmungen wie für den Umgang mit radioaktiven Stoffen. Eine Ausfertigung oder eine beglaubigte Abschrift des Genehmigungsbescheides (der eine Gültigkeit von höchstens 3 Jahren hat) ist bei der Beförderung mitzuführen, um kontrollierenden Behörden die Einhaltung der Genehmigungsauflagen zu ermöglichen (vgl. Abschn. 9.5).

Der besonders wichtige 3. Teil der Strahlenschutzverordnung enthält die eigentlichen Vorschriften zum Schutz gegen ionisierende Strahlung. Zu den Strahlenschutzgrundsätzen führt der § 28 u.a. aus:

Jeder, der eine der StrlSchV unterliegende Tätigkeit ausübt oder plant, ist verpflichtet

1. jede unnötige Strahlenexposition oder Kontamination von Personen, Sachgütern oder der Umwelt zu vermeiden,

2. jede Strahlenexposition oder Kontamination von Personen, Sachgütern oder der Umwelt unter Beachtung des Standes von Wissenschaft und Technik und unter Berücksichtigung aller Umstände des Einzelfalles auch unterhalb der in dieser Verordnung festgesetzten Grenzwerte so gering wie möglich zu halten.

Bei der Ermittlung der Körperdosen sind die natürliche Strahlenexposition, die Strahlenexposition des Patienten durch ärztliche oder zahnärztliche Untersuchungen oder Behandlungen sowie andere, außerhalb des beruflichen Tätigkeitsbereichs liegende Strahlenexposition nicht zu berücksichtigen.

In § 29 werden zwei Personengruppen bestimmt, die die volle Verantwortung für die Einhaltung der Vorschriften der Strahlenschutzverordnung zu tragen haben und damit auch vom Verordnungsgeber mit der Verhängung von Geldbußen bedroht sind, nämlich die Strahlenschutzverantwortlichen und die Strahlenschutzbeauftragten. Die Strahlenschutzverantwortlichen sind die Genehmigungsinhaber oder Anzeigepflichtigen selbst (meist die Betriebsinhaber) oder, wenn diese nicht natürliche Personen sind, deren gesetzliche Vertreter (Geschäftsführer, Vorstandsmitglieder). Die Strahlenschutzbeauftragten sind diejenigen Personen, die für die Leitung und Beaufsichtigung des Umgangs oder Betriebs eingesetzt sind und die für diese Aufgabe erforderliche Fachkunde im Strahlenschutz besitzen müssen. Den Strahlenschutzbeauftragten obliegen die ihnen durch die Strahlenschutzverordnung auferlegten Pflichten nur im Rahmen ihres innerbetrieblichen Entscheidungsbereichs. Sie, vor allem aber die Strahlenschutzverantwortlichen haben unter Beachtung der Regeln von Wissenschaft und Technik zum Schutz einzelner und der Allgemeinheit vor Strahlenschäden an Leben, Gesundheit und Sachgütern durch geeignete Schutzmaßnahmen, insbesondere durch Bereitstellung geeigneter Räume, Schutzeinrichtungen, Geräte und Schutzausrüstungen für Personen, sowie durch geeignete Regelung des Betriebsablaufes dafür zu sorgen, daß beim Umgang mit radioaktiven Stoffen

1. die Schutzvorrichtungen der Strahlenschutzverordnung eingehalten werden,

2. auch unterhalb der festgesetzten Werte für Höchstdosen die Strahlenbelastung von Personen und strahlenempfindlichen Sachgütern Dritter oder der Allgemeinheit so gering wie möglich gehalten wird,

3. die Verbreitung dieser Stoffe so gering wie möglich gehalten wird, um die Gefahr ihrer Aufnahme in den menschlichen Körper auf ein Mindestmaß zu beschränken,

4. unbeschadet der Vorschriften der Verordnung nur möglichst geringe Mengen dieser Stoffe in Luft und Wasser gelangen.

Die §§ 44 bis 48 beschäftigen sich mit dem Schutz der Bevölkerung und der Umwelt vor den Gefahren ionisierender Strahlen. Als Dosisgrenzwert für außerbetriebliche Überwachungsbereiche wird gefordert, daß die durch den Umgang mit radioaktiven Stoffen verursachte Ganzkörperdosis für keine Person 1,5 mSv (150 mrem) je Jahr überschreitet. Da es sich bei dieser Forderung nicht um die Festlegung einer Ortsdosis handelt, kann die Einhaltung dieses Wertes unter Umständen durch kontrollierte Aufenthaltsbeschränkungen bewirkt werden. Die Körperdosis durch natürliche Strahlenexposition (in Mitteleuropa etwa 1,5 mSv (150 mrem) pro Jahr, d.h. von gleicher Größenordnung) bleibt dabei unberücksichtigt. Mit berücksichtigt werden müssen jedoch die Strahlenbelastungen, die durch Inkorporation, etwa durch das Trinken von radioaktivitätshaltigem Wasser oder den Verzehr kontaminierter Lebensmittel entstehen. Die Ableitung radioaktiver Stoffe aus Anlagen oder Einrichtungen in Luft oder Wasser ist so gering wie möglich zu halten und darf bestimmte, in Anlage IV festgelegte Grenzwerte nicht überschreiten. Die Ableitung ist daher zu überwachen und nach Art und Aktivität der zuständigen Behörde mindestens jährlich anzuzeigen. Radioaktive Abfälle sind an eine nach Landesrecht zu bestimmende Sammelstelle abzuliefern.

Die §§ 49 bis 56 legen Dosisgrenzwerte und Arbeitsweisen für beruflich Strahlenexponierte Personen fest. Die Dosisgrenzwerte sind in der Anlage X festgelegt (Tab. 8.10).

Für den Umgang mit offenen radioaktiven Stoffen bestimmt § 53: Beim Umgang mit offenen radioaktiven Stoffen, deren Aktivität die Freigrenzen der Anlage IV überschreitet, sind Arbeitsverfahren zu verwenden, bei denen die Inkorporation radioaktiver Stoffe und die Kontamination der beteiligten Personen möglichst gering bleiben.

Körperbereich	Beruflich strahlenexponierte Person der Kategorie A *) Im Kalenderjahr	Beruflich strahlenexponierte Person der Kategorie B *) Im Kalenderjahr
1	2	3
1. Ganzkörper, Knochenmark, Gonaden, Uterus	50 mJ/kg (5 rem)	15 mJ/kg (1,5 rem)
2. Hände, Unterarme, Füße, Unterschenkel, Knöchel einschließlich der dazugehörigen Haut	600 mJ/kg (60 rem)	200 mJ/kg (20 rem)
3. Haut, falls nur diese der Strahlenexposition unterliegt, ausgenommen die Haut der Hände, Unterarme, Füße, Unterschenkel und Knöchel	300 mJ/kg (30 rem)	100 mJ/kg (10 rem)
4. Knochen, Schilddrüse	300 mJ/kg (30 rem)	100 mJ/kg (10 rem)
5. andere Organe	150 mJ/kg (15 rem)	50 mJ/kg (5 rem)

*) Die jährlichen Körperdosen dürfen für Personen unter 18 Jahren, die unter
ständiger Aufsicht zu Ausbildungszwecken in Kontrollbereichen tätig werden,
höchstens ein Zehntel der in Spalte 2 angegebenen Grenzwerte betragen.
In einem Kalendervierteljahr dürfen die Körperdosen höchstens die Hälfte
der Jahreswerte betragen.
Die Verpflichtung zur Durchführung der regelmäßigen ärztlichen Überwachung
ist bei der Kategorie B gegenüber der Kategorie A eingeschränkt.

Tab. 8.10 Grenzwerte der Körperdosen für beruflich strahlenexponierte Personen
nach Anlage X der StrlSchV.

Bei den Beschäftigten ist sicherzustellen, daß sie die erforderliche Schutz-
kleidung tragen und die erforderlichen Schutzausrüstungen verwenden. Ihnen ist
ein Verhalten zu untersagen, bei dem sie oder andere Personen von dem Umgang
herrührende radioaktive Stoffe in den Körper aufnehmen oder in gefahrbringen-
der Weise an den Körper bringen können, insbesondere durch Essen, Trinken,
Rauchen, durch die Verwendung von Gesundheitspflegemitteln oder kosmetischen
Mitteln. Dies gilt auch für Personen, die sich in Bereichen aufhalten, in
denen mit offenen radioaktiven Stoffen umgegangen wird. Offene radioaktive
Stoffe dürfen an Arbeitsplätzen nur so lange und in solchen Aktivitäten vorhan-
den sein, wie das Arbeitsverfahren es erfordert.

Schließlich bestimmt § 56 (Tätigkeitsverbote und -beschränkungen):

1. Es ist dafür zu sorgen, daß sich Personen unter 18 Jahren sowie schwangere Frauen nicht in Kontrollbereichen aufhalten, schwangere oder stil-

lende Frauen nicht mit offenen radioaktiven Stoffen, mit denen nur auf Grund einer Genehmigung umgegangen werden darf, umgehen und stillende Frauen sich nicht in Kontrollbereichen, in denen mit offenen radioaktiven Stoffen umgegangen wird, aufhalten.

2. Die zuständige Behörde kann gestatten, daß Personen im Alter zwischen 16 und 18 Jahren unter ständiger Aufsicht und Anleitung Fachkundiger in Kontrollbereichen tätig werden, soweit dies zur Erreichung ihres Ausbildungszieles erforderlich ist.

3. Es ist dafür zu sorgen, daß Schüler bei der Verwendung von Vorrichtungen oder Neutronenquellen, in die radioaktive Stoffe eingefügt sind, oder bei dem Betrieb von Röntgengeräten in Schulen nur in Anwesenheit und unter Aufsicht eines Lehrers, der als Strahlenschutzbeauftragter bestellt ist, mitwirken.

Ein weiterer Schutz von Personen wird durch die Einrichtung von Strahlenschutzbereichen (Sperrbereiche, Kontrollbereiche, Überwachungsbereiche, vgl. Abschn. 8.4) mit entsprechender Kennzeichnung erzielt.

Schließlich sorgt die Strahlenschutzverordnung für den kontrollierten Schutz der Personen, die einer beruflich bedingten Strahlenexposition ausgesetzt sind. Dazu wird u.a. verlangt:

1. Eine ärztliche Untersuchung der Arbeitnehmer vor der Abeitsaufnahme in Kontrollbereichen oder vor Umgang mit offenen radioaktiven Stoffen.

2. Ärztliche Nachuntersuchungen in bestimmten Zeitabständen.

3. Halbjährliche Belehrungen über die Gefahren, die Arbeitsmethoden sowie die anzuwendenden Schutzmaßnahmen im Umgang mit ionisierender Strahlung.

4. Die Messung der Personendosis nach zwei voneinander unabhängigen Verfahren. Dabei muß die eine Messung die jederzeitige Feststellung der Dosis ermöglichen (Taschendosimeter), die andere Messung ist mit Dosimetern durchzuführen, die von der nach Landesrecht zuständigen Meßstelle anzufordern und ihr in Zeiträumen von höchstens einem Monat zur Auswertung einzureichen sind (meist Filmdosimeter).

Die Röntgenverordnung entspricht dem Sinn nach der Strahlenschutzverordnung, insbesondere werden wie dort festgelegt:

1. Genehmigungsvorschriften

2. Strahlenschutzverantwortliche
(eine Unterscheidung in Verantwortliche und Beauftragte wie in der - zeitlich späteren - Strahlenschutzverordnung erfolgt nicht)

3. Höchstzulässige Dosen für die verschiedenen Personengruppen (vgl. Tab. 9.3 im Anhang)

4. Kontroll- und Überwachungsbereiche

5. Ärztliche Überwachung

6. Belehrungen

7. Messung der Personendosen.

Darüber hinaus befassen sich die §§ 20 bis 29 mit der Anwendung von Röntgenstrahlen auf den lebenden Menschen:

§ 20
Zur Anwendung berechtigte Personen

(1) Auf den lebenden Menschen dürfen nur folgende Personen in Ausübung ihres Berufs Röntgenstrahlen anwenden:

1. Personen, die zur Ausübung des ärztlichen oder zahnärztlichen Berufs berechtig sind,

2. andere als die in Nummer 1 bezeichneten Personen, wenn sie zur Ausübung der Heilkunde oder Zahnheilkunde berechtigt sind und die für diese Anwendung erforderliche Fachkunde im Strahlenschutz durch eine von der zuständigen Behörde festgelgte Prüfung nachgewiesen haben,

3. Personen, die zur Führung der Berufsbezeichnung
"medizinisch-technischer Radiologieassistent"
"medizinisch-technische Radiologieassistentin"
"medizinisch-technischer Assistent" oder
"medizinisch-technische Assistentin" berechtigt sind,

4. Hilfskräfte, die unter ständiger Aufsicht und Verantwortung einer in Nummer 1 bezeichneten Personen tätig sind, wenn sie die für diese Tätigkeit erforderlichen Kenntnisse im Strahlenschutz besitzen.

(2) Außer den in Absatz 1 bezeichneten Personen dürfen auch Hilfskräfte, die unter Aufsicht und Verantwortung einer in Absatz 1 Nr. 1 bezeichneten Person tätig sind, Röntgeneinrichtungen für Röntgenreihenuntersuchungen anwenden, wenn sie die für diese Tätigkeit erforderlichen Kenntnisse im Strahlenschutz besitzen.

§ 21
Anwendungsbeschränkungen

(1) Röntgenstrahlen dürfen auf den lebenden Menschen nur in Ausübung der Heilkunde, der Zahnheilkunde oder in sonstigen durch Gesetz vorgesehenen oder zugelassenen Fällen angewendet werden (z.B. ist die Anwendung von Röntgenstrahlen in Schuhdurchleuchtungsgeräten ausgeschlossen und es ist nicht zu erwarten, daß dies genehmigungsfähig wird).

(2) Die Anordnung, ob und in welcher Weise Röntgenstrahlen zur Untersuchung oder zur Behandlung auf den lebenden Menschen angewendet werden sollen, darf nur von einer Person gegeben werden, die zur Ausübung des ärztlichen oder, soweit die Anwendung im Rahmen der Zahnheilkunde erfolgt, zur Ausübung des zahnärztlichen Berufs berechtigt ist.

(3) Außer zu den in Absatz 1 bezeichneten Zwecken dürfen Röntgenstrahlen auf
den lebenden Menschen nur mit einer zu befristenden besonderen Genehmigung
der zuständigen Behörde angewendet werden. Die Genehmigung ist zu versa-
gen, wenn der Antragsteller nicht den Nachweis führt, daß der Schutz vor
Strahlenschäden für Leben und Gesundheit, insbesondere Schutz der Keimdrüsen, sichergestellt ist und die für die Anwendung der Röntgenstrahlen in
Ausübung der Heilkunde geltenden Bestimmungen dieser Verordnung beachtet
werden.

§ 22
Allgemeine Grundsätze bei der Anwendung
von Röntgenstrahlen auf den lebenden Menschen

In Ausübung der Heilkunde oder Zahnheilkunde dürfen Röntgenstrahlen auf den
lebenden Menschen in Übereinstimmung mit den Erkenntnissen von Wissenschaft
und Technik nur angewendet werden, wenn dies nach den Grundsätzen einer gewis-
senhaften Ausübung der Heilkunde oder Zahnheilkunde erforderlich ist. Die Anwendung hat so zu erfolgen, daß die Strahlenbelastung der zu untersuchenden
oder zu behandelnden Person so gering wie möglich gehalten wird. Bei Röntgenuntersuchungen sind Röntgenaufnahmen den Durchleuchtungen vorzuziehen. Von den
Vorschriften der §§ 23 bis 25, 27 Abs. 1 und 2 und § 28 darf nur aus zwingen-
der ärztlicher Indikation abgewichen werden.

§ 23
Schutz der Keimdrüsen und der Leibesfrucht

(1) Röntgenuntersuchungen von Personen, deren Gebärfähigkeit oder Zeugungsfä-
higkeit nicht dauernd ausgeschlossen ist, sind so vorzunehmen, daß die
Keimdrüsen nicht der direkten Strahlung ausgesetzt sind, falls dadurch
eine Klärung des Befundes nicht beeinträchtigt wird.

(2) Bei weiblichen Personen im gebärfähigen Alter dürfen Röntgenuntersuchungen
der Beckenregion nur dann vorgenommen werden, wenn eine Schwangerschaft
nicht wahrscheinlich ist.

§ 24
Grundsätze bei der Röntgendurchleuchtung

(1) Eine Röntgendurchleuchtung darf erst nach einer ausreichenden Dunkelanpas-
sung des Untersuchers vorgenommen werden, soweit nicht eine Einrichtung
zur elektronischen Bildverstärkung benutzt wird. Das Untersuchungsfeld ist
auf den zu untersuchenden Bereich einzublenden.

(2) Bei der Röntgendurchleuchtung mit einem ortsfesten Gerät ist eine Einrichtung zur elektronischen Bildverstärkung zu verwenden. Das Röntgengerät
darf nur während der Durchleuchtung oder zum Anfertigen einer Aufnahme
eingeschaltet sein.

§ 25

Grundsätze bei der Röntgenuntersuchung
des Kopfes und der Gliedmaßen

(1) Bei jeder Röntgenuntersuchung im Bereich des Kopfes mit einem auf den Körper gerichteten Nutzstahlenbündel sowie bei Zahn- und Kieferaufnahmen ist dem Untersuchten eine Schutzeinrichtung von mindestens 0,4 mm Bleigleichwert gegen Röntgenbestrahlung des übrigen Körpers anzulegen.

(2) Bei jeder Röntgenuntersuchung der Gliedmaßen mit der Möglichkeit zur Mitbestrahlung von Teilen des Rumpfes ist dem Untersuchten eine Schutzeinrichtung gegen Röntgenbestrahlung des Rumpfes von mindestens 0,4 mm Bleigleichwert anzulegen.

§ 26

Grundsätze bei der Röntgenbehandlung

(1) Bei der Röntgenbehandlung von Personen muß der Bestrahlungsplan einschließlich der Bestrahlungsbedingungen vor der Behandlung schriftlich festgelegt und von einer Person, die zur Ausübung des ärztlichen oder zahnärztlichen Berufs berechtigt ist, kontrolliert werden. Aus dem Behandlungsplan müssen alle erforderlichen Daten der Röntgenbehandlung insbesondere die Bestimmung der Dosisleistung, die Dauer und Zeitfolge der Bestrahlungen, die Oberflächen- und Herddosis, die Lokalisation und die Abgrenzung des Bestrahlungsfeldes, die Wahl des Filters, der Röhrenstromstärke, der Röhrenspannung und des Brennfleck-Hautabstandes sowie die Festlegung des Schutzes gegen Streustrahlen, zu ersehen sein.

(2) Die Einstellung des Bestrahlungsfeldes sowie die Einhaltung der übrigen in Absatz 1 genannten Bedingungen sind vor Beginn jeder einzelnen Bestrahlung von einer Person, die zur Ausübung des ärztlichen oder zahnärztlichen Berufs berechtigt ist, zu überprüfen.

§ 27

Anwendung von Röntgenstrahlen bei bestehender Schwangerschaft

(1) Bei bestehender Schwangerschaft ist eine Röntgenuntersuchung und eine Röntgenbehandlung zu unterlassen.

(2) Ist bei bestehender Schwangerschaft eine Röntgenuntersuchung aus ärztlicher Indikation zwingend geboten, so sind zum Schutz der Leibesfrucht alle Möglichkeiten einer Herabsetzung der Strahlenbelastung, insbesondere durch Begrenzung der Zahl der Röntgenaufnahmen, durch möglichst kurze Durchleuchtungszeit und durch möglichst kleines Nutzstrahlenbündel auszuschöpfen.

(3) Die von der Leibesfrucht während der beiden ersten Schwangerschaftsmonate aufgenommene Äquivalentdosis darf 10 mJ/kg (1 rem) nicht überschreiten. Eine Überschreitung dieser Dosis ist nur bei vitaler·Indikation erlaubt.

§28

Anwendung von Röntgenstrahlen auf Säuglinge, Kinder und Jugendliche

(1) Bei Säuglingen, Kindern oder Jugendlichen sind Alter, Körpergewicht und

Körperoberfläche bei der Bemessung der physikalischen Eigenschaften des Nutzstrahlenbündels und der Dosis zu berücksichtigen.

(2) Bei einer Behandlung von Säuglingen, Kindern oder Jugendlichen mit Röntgenstrahlen sind Keimdrüsen, Knochenmark, Zahnanlagen, Wachstumszonen des Knochens, Drüsen und Drüsenanlagen vor einer unmittelbaren Einwirkung des Nutzstrahlenbündels zu schützen.

(3) Bei Röntgenuntersuchungen von Säuglingen, Kindern oder Jugendlichen ist das Nutzstrahlenbündel auf den unmittelbaren Untersuchungsgegenstand einzublenden. Bei der Durchleuchtung und bei Röntgenaufnahmen einschließlich Schirmbildaufnahmen des Brustraumes dürfen Beckenanteile nicht im Nutzstrahlenbündel liegen. Die Keimdrüsen sind gegen Röntgenstrahlen abzuschirmen.

§ 29

Aufzeichnungen

(1) Vor Beginn der Röntgenuntersuchung oder -behandlung ist nach einer früheren Anwendung von ionisierenden Strahlen zu fragen. Bei Röntgenreihenuntersuchungen braucht die zu untersuchende Person nur über den Zeitpunkt der letzten Röntgenunersuchung des Brustraumes befragt zu werden. Weibliche Personen im gebärfähigen Alter sind auch über eine etwa bestehende Schwangerschaft zu befragen. Die Angaben nach den Sätzen 1 bis 3 sind aufzuzeichnen.

(2) Über die Röntgenuntersuchung oder die Röntgenbehandlung ist eine Aufzeichnung anzufertigen. Aus der Aufzeichnung über die Röntgenuntersuchung müssen der Zeitpunkt, die untersuchte Region und die Daten, aus denen die Größe der Strahlenbelastung, insbesondere Zahl und Schaltdaten der Aufnahmen und Durchleuchtungsdauer, zu entnehmen ist, hervorgehen. Aus der Aufzeichnung über die Röntgenbehandlung müssen außerdem alle erforderlichen Daten über die Röntgenbehandlung, insbesondere die Bestimmung der Dosisleistung, die Dauer und Zeitfolge der Bestrahlungen, die Oberflächen- und Herddosis, die Lokalisation und die Abgrenzung des Bestrahlungsfeldes, die Wahl des Filters, der Röhrenstromstärke, der Röhrenspannung und des Brennfleck-Hautabstandes sowie die Festlegung des Schutzes gegen Streustrahlung zu ersehen sein.

(3) Der untersuchten oder behandelten Person ist auf deren Wunsch eine Abschrift der Aufzeichnung nach Absatz 2 auszuhändigen.

(4) Wer eine Röntgeneinrichtung zur Ausübung der Heilkunde oder Zahnheilkunde betreibt, hat die Aufzeichnungen über Röntgenbehandlungen 30 Jahre nach der letzten Behandlung, über Röntgenuntersuchungen 10 Jahre nach der letzten Untersuchung aufzubewahren. Die zuständige Behörde kann verlangen, daß im Falle der Praxisaufgabe die Aufzeichnungen an einem von ihr bestimmten Ort zu hinterlegen sind; dabei ist die ärztliche Schweigepflicht zu wahren.

(5) Wer eine Person mit Röntgenstrahlen untersucht oder mit Röntgenstrahlen oder sonstigen ionisierenden Strahlen behandelt hat, hat demjenigen, der später eine Röntgenuntersuchung oder Röntgenbehandlung vornimmt, auf dessen Verlangen Auskunft über die Aufzeichnungen nach Absatz 1 oder 2 zu erteilen und die sich hierauf beziehenden Unterlagen vorübergehend zu über-

lassen. Werden die Unterlagen von einer anderen Person aufbewahrt, so hat diese ihm die Unterlagen vorübergehend zu überlassen.

Röntgenstrahler haben – im Gegensatz zu radioaktiven Stoffen – den für den Strahlenschutz großen Vorteil, daß man sie abschalten kann. Die für die Strahlenbelastung relevanten Körperdosen ergeben sich aus den Ortsdosen durch Multiplikation mit der Einschaltdauer des Gerätes, so daß z.B. hier Kontrollbereiche bei höheren Ortsdosisleistungen beginnen als bei der Verwendung von Radionukliden. Auf der anderen Seite entsprechen Röntgenstrahler in ihrer Dosisleistung häufig radioaktiven Quellen im Kilo-Curie-Bereich, was an ihre Beschaffenheit besondere Anforderungen stellt. In den Anlagen I und II zur Röntgenverordnung werden daher an die Bauart der Geräte besondere Anforderungen gestellt:

Vorschriften über die Bauart von Röntgenstrahlern,
die zur Anwendung von Röntgenstrahlen auf den lebenden Menschen
oder auf Tiere bestimmt sind (Röntgengeräte für medizinische Zwecke)

Bei Röntgenstrahlern für medizinische Zwecke darf die Ortsdosisleistung bei geschlossenem Strahlenaustrittsfenster und den vom Hersteller angegebenen Höchstbetriebswerten in 1 m Abstand vom Brennfleck nicht höher sein als

für Röntgenuntersuchungen:

7,2 Nanoampere durch Kilogramm $\left[\text{nA/kg}\right]$
(100 Milliröntgen durch Stunde $\left[\text{mR/h}\right]$)

für Röntgenbehandlungen bis 100 Kilovolt:

7,2 nA/kg (100 mR/h)

für Röntgenbehandlungen über 100 Kilovolt:

72 nA/kg (1 R/h).

Die Lage des Brennflecks ist auf dem Gehäuse des Röntgenstrahlers zu markieren.

Röntgenstrahler, die bei der Anwendung mit der Hand gehalten werden müssen, sind mit einer deutlich gekennzeichneten Griffstelle zu versehen, die so abgeschirmt ist, daß die Ortsdosisleistung bei abgedecktem Strahlenaustrittsfenster in 2 cm Abstand von der Oberfläche der Griffstelle 7,2 nA/kg (100 mR/h) nicht überschreitet.

Vorschriften über die Bauart von Röntgenstrahlern und Röntgengeräten,
die zur Anwendung in den in § 31 bezeichneten Fällen bestimmt sind,
(Röntgengeräte für nichtmedizinische Zwecke)
und von Störstrahlern (§ 5 Abs. 3)

1.   Röntgenstrahler

Bei Röntgenstrahlern in Röntgengeräten, bei denen der Untersuchungsgegenstand vom Schutzgehäuse nicht mit umschlossen wird, muß sichergestellt sein, daß die in Abschnitt 1.1 und 1.2 angegebenen Werte eingehalten werden.

1.1 Bei Röntgenstrahlern für Röntgenbeugung, Mikroradiographie sowie Röntgenspektralanalyse darf die Ortsdosisleistung bei geschlossenen Strahlenaustrittsfenstern und den vom Hersteller abgegebenen Höchstbetriebswerten in 50 cm Abstand vom Brennfleck 0,18 Nanoampere durch Kilogramm [nA/kg] (2,5 Milliröntgen durch Stunde [mR/h]) nicht überschreiten.

1.2 Bei den übrigen Röntgenstrahlern darf die Ortsdosisleistung bei geschlossenen Strahlenaustrittsfenstern und den vom Hersteller angegebenen Höchstbetriebswerten in 1 m Abstand vom Brennfleck

1.2.1. bei Nennspannungen bis 200 Kilovolt 18 nA/kg (250 mR/h)
1.2.2. bei Nennspannungen über 200 Kilovolt 72 nA/kg (1 R/h)
1.2.3. bei Nennspannungen über 200 Kilovolt nach Herunterregeln auf eine Röhrenspannung von 200 Kilovolt 18 nA/kg (250 mR/h)

nicht überschreiten.

2. Hochschutzgeräte

Röntgengeräte, bei denen das Schutzgehäuse außer der Röhre auch den zu untersuchenden oder zu behandelnden Gegenstand vollständig umschließt, sind Hochschutzgeräte, wenn

2.1. bei Einrichtungen für Röntgenbeugung, Mikroradiographie und Röntgenspektralanalyse die Ortsdosisleistung außerhalb der durch die Begrenzung der Einrichtung festgelegten vertikalen Ebene 0,18 nA/kg (2,5 mR/h) und innerhalb dieses Raumes, soweit während des Betriebes in ihn hineingefaßt wird, 2,1 nA/kg (30 mR/h) nicht überschreitet,

2.2 bei den übrigen Einrichtungen die Ortsdosisleistung in 10 cm Abstand von der Außenfläche des Schutzgehäuses 0,18 nA/kg (2,5 mR/h) und in Innenräumen, in die während des Betriebs hineingefaßt wird, 2,1 nA/kg (30 mR/h) nicht überschreitet,

2.3. durch Vorrichtungen sichergestellt wird, daß die Hochspannung bei Entfernung von Teilen der äußeren Umhüllung, die dem Strahlenschutz dienen, nicht eingeschaltet werden kann. Das gleiche gilt für das Öffnen des Schutzgehäuses zum Be- und Entladen, soweit dabei die Wirkung der Abschirmung verändert wird.

3. Vollschutzgeräte

Röntgengeräte, bei denen das Schutzgehäuse außer der Röhre auch den Untersuchungsgegenstand vollständig umschließt, sind Vollschutzgeräte, wenn

3.1. die Ortsdosisleistung in 10 cm Abstand von der Außenfläche des Schutzgehäuses 54 Pikoampere durch Kilogramm [pA/kg] (0,75 mR/h) nicht überschreitet,

3.2. durch zwei voneinander unabhängige Vorrichtungen sicher gestellt ist, daß der Röntgenstrahler nur bei geschlossenem Schutzgehäuse betrieben werden kann.

4.   Störstrahler

4.1.   Bei Geräten, die zu einem anderen Zweck als zur Erzeugung von Röntgen-
       strahlen betrieben werden (Störstrahler), darf unter den vom Hersteller
       angegebenen Betriebsbedingungen die Ortsdosisleistung in 5 cm Abstand
       von der berührbaren Oberfläche 36 pA/kg (0,5 mR/h) nicht überschreiten.

8.6 Praktischer Strahlenschutz

Anliegen des praktischen Strahlenschutzes ist es, die Personendosen strahlenexponierter Personen so gering wie möglich zu halten, zumindest jedoch die gesetzlich vorgeschriebenen Höchstdosen für die verschiedenen Personengruppen zu
gewährleisten. Die Personendosis ergibt sich aus der Energie- (Orts-) Dosisleistung:

$$D_{Person} = \dot{D}_{Energie} \cdot t_{Aufenthaltsdauer} \cdot \qquad (8.4)$$

Diese Beziehung bietet zur Herabsetzung der Personendosis dem praktischen
Strahlenschutz drei Lösungswege:

    a) Verminderung der Aufenthaltsdauer im Strahlenfeld,

    b) Verminderung der Ortsdosisleistung am Aufenthaltsort durch Ab-
       schirmungen,

    c) Verminderung der Ortsdosisleistung durch einen ausreichenden Si-
       cherheitsabstand.

Verminderung der Aufenthaltszeit im Strahlenfeld: Dies läßt sich vor allem
dadurch erreichen, daß im Strahlenfeld notwendige Arbeitsabläufe im Blindver-
such vorher eingeübt werden (Routine!).

Während bei den ständig strahlenden radioaktiven Quellen eine Verminderung der
Bestrahlung nur durch eine Verkürzung der Aufenthaltsdauer möglich ist, kann
bei Röntgen- und Beschleunigeranlagen durch die Vermeidung unnötiger Einschaltzeiten eine weitere Herabsetzung der Strahlenbelastung erreicht werden.

Verminderung der Energie- (Orts-) Dosisleistung am Aufenthaltsort: Hier ergeben sich zwei Möglichkeiten: Da nach dem quadratischen Abstandsgesetz die
Dosisleistung einer Quelle proportional $1/r^2$ absinkt, läßt sich durch genügen-
den Abstand von der Strahlenquelle ein wirksamer Schutz erreichen.

Unter Umständen müssen die Arme durch Greifwerkzeuge (Zangen, Pinzetten, Mani-
pulatoren - notfalls fernbedient) künstlich verlängert werden. Auch hier emp-

fiehlt es sich, den Arbeitsablauf vorher einzuüben, damit das Produkt $\dot{D} \cdot t$ bei Benutzung von Greifwerkzeugen durch unnötig langes hantieren nicht größer wird als bei schnellem direkten Zugriff.

Die zweite Möglichkeit besteht darin, durch geeignet gewählte Schutzwände die Strahlung so abzuschwächen, daß die Ortsdosisleistung am Arbeitsplatz auf einen zulässigen Wert herabgesetzt wird. Zu dieser Schutzmaßnahme gehören auch die unmittelbar am Körper strahlenexponierter Personen getragenen Bleischürzen und Bleihandschuhe.

Schutzwände: Bei der Auswahl geeigneter Schutzwände ist vor allem die Strahlungsart in Betracht zu ziehen. Wir unterscheiden zwei Gruppen:

a) Direkt ionisierende Strahlen sind Korpuskularstrahlen mit elektrischer Ladung. Längs ihres Weges durch Materie erfolgt die Ionisierung der neutralen Atome und Moleküle durch direkte Wechselwirkung über das elektrische Feld der Teilchen (Coulomb-Wechselwirkung), die Teilchen werden dabei allmählich abgebremst. Zu den direkt ionisierenden Strahlen gehören u.a. Elektronen, Positronen, Protonen, α-Teilchen.
Die Reichweite direkt ionisierender Strahlung in Materie ist zwar von Teilchenart und Energie abhängig, verglichen mit indirekt ionisierender Strahlung jedoch verhältnismäßig klein.

b) Indirekt ionisierende Strahlen sind Strahlen elektrisch neutraler Teilchen oder Quanten. Die Ionisierung beim Durchgang durch Materie wird durch geladene Teilchen hinreichender Energie verursacht, die im Absorber zunächst durch Elementarprozesse entstehen, das sind z.B. bei
Röntgen- und γ-Quanten: Photoeffekt, Comptoneffekt, Paarbildung, Kernphotoeffekt (γ,p-Prozesse),
Neutronen: Elastischer Stoß (vor allem mit Wasserstoffkernen = Protonen), Kernumwandlungen (n,p-Prozesse).
Die Reichweite dieser indirekt ionisierenden Strahlung ist gegenüber der direkt ionisierenden Strahlung vergleichsweise groß.

In einer Schutzwand soll die ionisierende Strahlung möglichst vollständig absorbiert werden, ihre Dicke muß daher größer sein als die Reichweite der Strahlung. Diese Bedingung läßt sich für direkt ionisierende Strahlung vergleichsweise einfach realisieren. In der Tabelle 8.17 sind die Reichweiten von verschiedenen geladenen Teilchen in Luft (1013 mbar, 15°C) und Wasser (als Modellsubstanz für Weichteilgewebe) als Funktion ihrer kinetischen Energie angegeben. Für Energien bis 1 MeV sind lediglich die Reichweiten der Elektronen in Luft so groß (bis zu einigen Metern), daß sie von der Strahlenquelle auch zu einer entfernteren Person gelangen können. In Wasser mit seiner 1000mal größeren Dichte als Luft betragen die Reichweiten jedoch nur einige Millimeter bis Zentimeter und ein Aluminiumblech von 2 mm Dicke reicht aus, um Elektronen bis zu 1,5 MeV vollständig zu absorbieren. Für die Abschirmung von Protonen, Deuteronen und α-Teilchen sind noch viel geringere Absorberdicken (vgl. Tab. 8.11) ausreichend.

E	R/cm in Luft			R/mm in Wasser oder Weichteilgewebe		
MeV	e	p	α	e	p	α
0,1	12	0,13	0,12	0,14	0,0016	0,0014
0,2	33	0,25	0,18	0,40	0,0030	0,0022
0,5	140	0,80	0,32	1,7	0,0098	0,0039
1,0	330	2,3	0,50	4,0	0,028	0,0061
2,0	790	7,0	1,0	9,5	0,086	0,012
5,0	2100	33	3,2	25	0,40	0,039
10	4150	120	9,5	50	1,47	0,12
20	8300	400	32	100	4,9	0,39
50		2000	160	250	24	1,9
100		6500	550	400	78	6,6

Tab. 8.11 Reichweiten R von Elektronen (e), Protonen (p) und Alpha-Teilchen (α) in Luft (Angaben in cm) und Wasser oder Weichteilgewebe (Angaben in mm).

Bei der Wahl des Materials für eine Schutzwand gegen direkt ionisierende Strahlung muß man bedenken, daß bei der Absorption der Strahlung durch Wechselwirkungsprozesse Sekundärstrahlung auftreten kann, die eine größere Reichweite als die Primärstrahlung besitzt. Dies gilt vor allem für Elektronen und Positronen, die im Absorber Röntgenbremsstrahlung und charakteristische Röntgenstrahlung (Positronen auch Vernichtungsstrahlung) produzieren. Der Wirkungsgrad für die Erzeugung von Röntgenbremsstrahlung ist (wenn man von der Teilchenenergie absieht) proportional zur Ordnungszahl Z. Daher empfiehlt sich für Schutzwände gegen direkt ionisierende Strahlung die Verwendung leichter Elemente (Plexiglas, Beton, Aluminium) zur primären Abschirmung. Unter Umständen ist die Kombination mit einer Bleiabschirmung zur Absorption der Sekundärstrahlung erforderlich. Protonen und α-Teilchen produzieren bei der Absorption wegen ihrer großen Masse praktisch keine Bremsstrahlung. Die entstehende charakteristische Röntgenstrahlung ist bei der Verwendung von Elementen niedriger Ord-

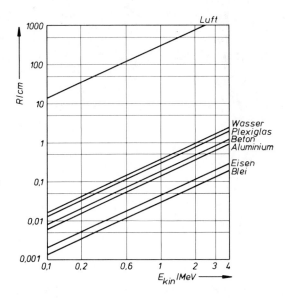

Fig. 8.1 Reichweite R von ß-Strahlung (Elektronen) in verschiedenen Materialien als Funktion ihrer kinetischen Energie E_{kin}.

nungszahl so weich (Aluminium: $E_K \approx 1{,}5$ keV), daß keine besonderen Maßnahmen zur Beseitigung der Sekundärstrahlung erforderlich sind.

Für Schutzwände gegen indirekt ionisierende Strahlung sind im allgemeinen größere Dicken erforderlich als bei direkt ionisierender Strahlung. Dies sieht man z.B. unmittelbar an der mittleren Reichweite $\bar{R}$ von Röntgen- und Gammastrahlung (vgl. Abschn. 9.3). Sie beträgt $1/\mu$. Bei $E_{Ph} = 1$ MeV ist für Blei $\mu/\rho \approx 0{,}06$ cm²/g. Bei einer Dichte von $\rho = 11{,}3$ g/cm³ ergibt sich ein linearer Schwächungskoeffizient von $\mu \approx 0{,}7$ cm^{-1} und $\bar{R} = 1{,}5$ cm. (Vergleichswert für Elektronen mit $E_{kin} = 1$ MeV: $\bar{R}_e = 0{,}03$ cm). Aber: 37% der Röntgenstrahlung passieren diese Absorberdicke. Zu einer Schwächung des Bündels auf 1/1000 (0,1%) muß die Schutzwand aus Blei (mindestens) 10 cm dick sein!

Zur Abschirmung von <u>Neutronen</u> verwendet man Absorber in mehreren Schichten, um zunächst die hochenergetischen Neutronen abzubremsen und dann die Neutronen durch Kernumwandlung vollständig zu absorbieren. Man wählt etwa

Schicht 1: Material mit mittlerer und großer Ordnungszahl zur Verminderung der Neutronenenergie durch unelastische Streuung (E_{kin} oberhalb 100 keV).

Schicht 2: Material mit kleiner Ordnungszahl zur Verminderung der Neutronen-energie durch elastische Streuung (E_{kin} unter 100 keV), z.B. Kohlenstoff (Graphit) oder Wasserstoff (Wasser, Paraffin).

Schicht 3: Material mit großem Einfangquerschnitt zur Absorption langsamer Neutronen (E_{kin} unter 0,5 eV) durch Kernreaktionen, z.B. Bor-10 mit den Umwandlungen

$$^{10}B + n \rightarrow {}^{7}Li + \alpha(2{,}79 \text{ MeV}) \quad \text{(Häufigkeit 7\%)}$$

und

$$^{10}B + n \rightarrow {}^{7}Li + \alpha(2{,}31 \text{ MeV}) + \gamma(0{,}48 \text{ MeV}) \quad \text{(Häufigkeit 93\%)}$$

Schicht 4: Material mit großer Ordnungszahl zur Absorption der entstehenden γ-Strahlung.

Will man den aufwendigen Schichtaufbau eines Neutronenschirmes vermeiden, bietet sich (allerdings bei höherem Raumbedarf) Barytbeton oder (als preisgünstigste Lösung) gewöhnlicher Beton an.

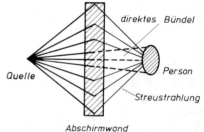

Fig. 8.2
Vergrößerung der Ortsdosisleistung durch Streuprozesse in einer Abschirmwand.

Zur Abschirmung von Röntgen- und γ-Strahlung werden die verschiedensten Werkstoffe verwendet. Elemente mit großer Ordnungszahl und hoher Dichte ρ bieten wegen großer linearer Schwächungskoeffizienten μ den Vorteil kompakter Abschirmungen. Bei ihrer Berechnung treten zwei grundsätzliche Probleme auf:

1) Das für monoenergetische Strahlung gültige Schwächungsgesetz Gl. (6.9a) beschreibt die Schwächung eines Parallelbündels und beantwortet die Frage, welche Intensität dem Bündel verloren geht. Bei der Berechnung einer Abschirmung muß zur Abschätzung der Ortsdosis jedoch auch die Streustrahlung einbezogen werden, die im Absorber entsteht und einen oft nicht zu vernachlässigen Beitrag liefert (vgl. Fig. 8.2).

Man kann sich helfen, indem man in das Schwächungsgesetz einen "Aufbaufaktor" einführt. Im einfachsten Fall schreibt man statt Gl. (6.9a)

$$I = I_o \cdot (1 + \mu \cdot d) \cdot e^{-\mu \cdot d} \quad . \tag{8.5}$$

Dies ist eine transzendente Gleichung für die gesuchte Dicke d der erforderlichen Abschirmwand, deren Lösung sich explizite nicht angeben läßt. Setzt
man $\xi = \mu \cdot d$, kann man aus einer graphischen Darstellung der Funktion

$$F(\xi) = (1 + \xi) \cdot e^{-\xi}$$

für ein vorgegebenes Verhältnis $I/I_o = F(\xi)$ die entsprechende Größe ξ entnehmen und daraus die Abschirmdicke ermitteln.

2) Für Röntgenstrahlen mit einem kontinuierlichen Spektrum der Bremsstrahlung
ist das für monoenergetische Strahlung formulierte Schwächungsgesetz nicht
anwendbar. Hier hilft z.B. die DIN-Vorschrift 6812 (Medizinische Röntgenanlagen bis 300 kV, Strahlenschutzregeln für die Errichtung), der die Fig.
8.3 und 8.4 entnommen sind.

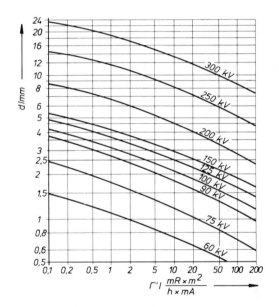

Fig. 8.3 Schwächung von Röntgenstrahlung (Primärbündel) durch Blei: Spezifische Dosisleistungskonstante als Funktion der Bleidicke für verschiedene Röhrengleichspannungen (nach DIN 6812).

Unter den Materialien mit hoher Dichte und Ordnungszahl ist Blei der kostengün-
stigste. Bei intensiven Quellen, wo der verfügbare Raum gering ist, wird z.T.
Wolfram verwendet (Kobaltbomben), Transportbehälter für Kernbrennstoffe werden
sogar mit Uran-238 abgeschirmt, wobei dann natürlich die radioaktive Strahlung
des Uran durch besondere Schutzmäntel absorbiert werden muß.

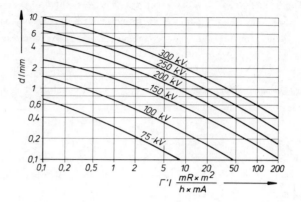

Fig. 8.4 Schwächung von Röntgenstreustrahlung durch Blei: Spezifische Dosisleistungskonstante als Funktion der Bleidicke für verschiedene Röhrengleichspannungen. Die Kurven gelten für Strahlungen, die unter 90°
gegen das Nutzstrahlbündel gestreut sind, wobei die Nutzstrahlung mit
einer Feldgröße von 20 cm × 20 cm auf ein Patientenphantom (Entfernung vom Fokus 40 cm) fällt (nach DIN 6812).

Baustoff	Blei-gleichwert (mm)	Nennspannung (kV)						
		50	100	150	200	250	300	400
Stahl	1	5	6	11	123	12	12	11
$\rho = 7,8$ g/cm³	2					11	10	9
Barytbeton	2	13,5	14	14,5	15	14	13,5	12
$\rho = 3,2$ g/cm³	5				15	14	13	11
	10				15	13	12	10
Beton	2	70	75	80	75	55	45	40
$\rho = 2,2$ g/cm³	5				65	50	35	30
	10				60	45	30	25
Vollziegel	2	100	100	100	100	75	60	55
$\rho = 1,9$ g/cm³	5				90	65	45	35
	10				85	60	40	30
Vollziegel	2	120	120	120	120	90	75	65
$\rho = 1,6$ g/cm³	5				105	75	55	45
	10				100	65	45	35

Tab. 8.12 Umrechnungsfaktoren für die Bleigleichwerte verschiedener Baustoffe
(nach DIN 6812).

Bei größerem zur Verfügung stehendem Raum verwendet man wirtschaftlicher
andere Baustoffe, die gegenüber Blei größere Dicken der Schutzwände bedingen.
Man pflegt die Dicken solcher Wände auf äquivalente Bleidicken (Bleigleichwer-

te) umzurechnen. Die Umrechnungsfaktoren, mit denen die erforderlichen Bleidik-
ken bei Verwendung anderer Abschirmmaterialien multipliziert werden müssen,
sind nach DIN 6812 für verschiedene Nennspannungen an der Röntgenröhre in
Tab. 8.12 angegeben. Die Werte sind abgerundet. Es ist daher nicht zulässig,
bei bestimmter Röhrenspannung an Schutzwänden gemessene Bleigleichwerte für
eine andere Spannung nach dieser Tabelle umzurechnen. Handelt es sich bei mehr
als 200 kV Nennspannung um Schutz gegen Streustrahlung, so gelten die Umrechnungsfaktoren für 200 kV.

Für flexible Strahlenschirmwände wurden Bleibausteine entwickelt, die je nach
Bedarf zusammengefügt werden können. Die Zwillingsspatform verhindert durch
schwalbenschwanzähnliche Ausbildung der Trennfugen einen direkten Strahlen-
durchgang. Sie werden wegen der mechanischen Festigkeit aus Hartblei (4% Anti-
mon-Anteil) hergestellt und sind im allgemeinen 50 oder 100 mm dick. In der
Fig. 8.5 sind einige gebräuchliche Formen skizziert.

Beim Umgang mit offenen radioaktiven Stoffen kann eine Strahlenbelastung durch
Kontamination und Inkorporation auftreten. Die Risiken sind ähnlich groß wie
beim Umgang mit gefährlichen Bakterien und Viren. Eine zweckdienliche Arbeits-
kleidung (Arbeitskittel, Gummi- oder Kunststoffhandschuhe, Schutzbrille, Über-
schuhe, Haarschutz, u.U. Vollschutzanzüge) und eine saubere und umsichtige
Arbeitsweise können die Gefahren erheblich mildern. Auf das in der Strahlenschutzverordnung erlassene Verbot, beim Umgang mit radioaktiven Stoffen weder
zu essen, zu trinken noch zu rauchen, soll nochmals hingewiesen werden, ebenso
auf die vor allem von der Berufsgenossenschaft der chemischen Industrie heraus-
gegebenen einschlägigen Unfallverhütungsvorschriften, Richtlinien und Merkblät-
ter.

Schließlich sollte die Bemerkung nicht fehlen, daß beim Umgang mit ionisierenden Strahlen ein der Strahlungsart angepaßtes Meßgerät (Monitor) zur Überwachung der Ortsdosisleistung zur Verfügung stehen sollte, um insbesondere bei
Änderungen der Arbeits- und Versuchsbedingungen die für den Strahlenschutz
notwendigen Maßnahmen rechtzeitig erkennen und Schutzmaßnahmen einleiten zu
können.

Fig. 8.5
Bleibausteine für 50 mm
Abschirmdicke in Anleh-
nung an DIN 25407 (Eura-
tomform).

Oben: Kombinationsbei-
spiel für eine Abschirm-
wand.

Unten: Auswahl verschiedener Einzelbausteine.

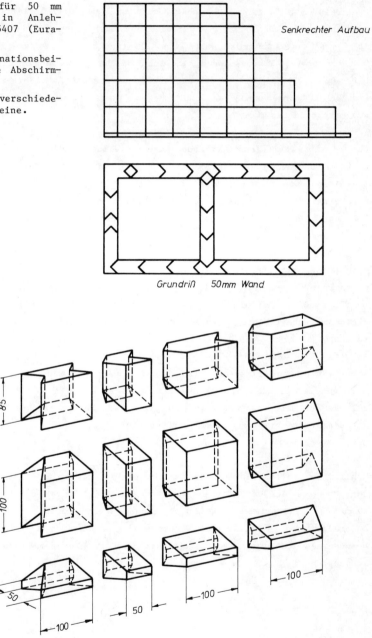

Senkrechter Aufbau

Grundriß 50mm Wand

9. Anhang

9.1 Die atomphysikalische Energieeinheit Elektronvolt

Zur Erläuterung der Einheit "Elektronvolt" betrachten wir ein elektrisches Feld, in dem ein Elektron beschleunigt wird und somit eine kinetische Energie erhält. Das (homogene) Feld können wir durch einen Plattenkondensator erzeugen, an dessen parallelen Platten die Spannung U liegt (Fig. 9.1). Der Betrag der Feldstärke im Innern des Kondensators ist dann E = U/d, wenn d der Plattenabstand ist.

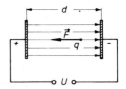

Elektrische Feldstärke
$$E = U/d$$

Kraft auf eine Ladung q
$$F = q \cdot E$$

Arbeit bei der Verschiebung
der Ladung um die Strecke d
$$A = F \cdot d \cdot \cos \Theta .$$

Fig. 9.1 Zur Definition der atomphysikalischen Energieeinheit "Elektronvolt"

Die gewonnene Arbeit, die sich als kinetische Energie des Elektrons nach dem Flug von der einen zur anderen Platte wiederfindet, ist also

$$E_{kin} = A = F \cdot d \cdot \cos \Theta = q \cdot E \cdot d \cdot \cos \Theta = q \cdot \frac{U}{d} \cdot \cos \Theta \qquad (9.1)$$

Da Verschiebung und Kraft in gleicher Richtung wirken ("freier Fall"), ist $\Theta = 0°$ und somit $\cos \Theta = 1$, also

$$E_{kin} = q \cdot U . \qquad (9.2)$$

Die Energie, die das Elektron beim Durchlaufen der Spannung von 1 Volt gewinnt, erhält man durch Einsetzen der Zahlenwerte, wobei für die Ladung die Elementarladung des Elektrons

$$q = 1,60210 \cdot 10^{-19} \, C$$

zu benutzen ist. Damit liefert die Umrechnung von 1 Elektronvolt in die SI-Einheit Joule:

$$1 \, eV = (1,60 \cdot 10^{-19} \, As) \cdot (1 \, V) = 1,60 \cdot 10^{-19} \, Ws ,$$

oder

$$1 \, eV = 1,60210 \cdot 10^{-19} \, J \quad (Joule) . \qquad (9.3)$$

9.2 Ergänzungen zum Zerfallsgesetz:

Die Anzahl ΔN der in einer radioaktiven Substanz im Zeitintervall Δt umgewandelten Kerne ist nach Gleichung (4.13) der Anzahl N der vorhandenen Mutterkerne proportional:

$$\Delta N = - \lambda \cdot N \cdot \Delta t \ . \tag{9.4}$$

Wenn man das (Meß-) Zeitintervall sehr klein macht, was man durch Δt → dt, ΔN → dN in der Gleichung (4.14) andeutet, kommt man zu einer Differentialgleichung, die man mit mathematischen Methoden lösen kann und die zu der Exponentialfunktion des Zerfallsgesetzes führt (Gleichung 4.16).

Der zeitliche Verlauf des radioaktiven Zerfalls läßt sich jedoch auch numerisch direkt aus der Gleichung (9.4) gewinnen. Zur Veranschaulichung des Verfahrens gehen wir von unserem Ansatz aus und berechnen jeweils für verschiedene Zeitintervalle Δt das zugehörige ΔN. Die Zahl der dann noch vorhandenen

Zeit t (Jahre)	Δt = 2 Jahre N	ΔN	Δt = 1 Jahr N	ΔN	Δt = 0,5 Jahre N	ΔN	Exponential-Funktion N
0,0	1000		1000		1000		1000
0,5				266	867	133	
1,0		532	734		752	115	766
1,5				195	652	100	
2,0	468		539		565	87	587
2,5				143	490	75	
3,0		249	396		425	65	449
3,5				105	368	57	
4,0	219		291		319	49	344
4,5				77	277	42	
5,0		117	214		240	37	264
5,5				57	208	32	
6,0	102		157		180	28	202
6,5				42	156	24	
7,0		54	115		135	21	155
7,5				31	117	18	
8,0	48		84		102	15	119
8,5				22	89	13	
9,0		26	62		77	12	91
9,5				16	66	11	
10,0	22		46		57	9	70

Tab. 9.1 Zur numerischen Berechnung des Zeitgesetzes für den radioaktiven Zerfall mit endlichen Intervallschritten Δt.

Mutterkerne ergibt sich aus $N_2 = N_1 - \Delta N$. Dieser Wert wird wieder in den Ansatz eingesetzt und liefert ein neues ΔN, mit dem für das Ende dieses Zeitintervalles wieder ein weiteres N berechnet werden kann, usw. Wir benutzen für das Beispiel die Zahlenwerte von Na-22 ($t_{1/2}$ = 2,60 Jahre, λ = 0,266 Jahr^{-1}, vgl. das Zerfallsschema Fig. 4.15) und beginnen mit N_o = 1000. Die Werte der Zahlentabelle 9.1 sind auf ganze Zahlen gerundet.

Trägt man die gefundenen Zahlenwerte in eine graphische Darstellung ein, so erhält man Fig. 9.2. Die stufenweisen Annäherungen mit endlichem Δt schmiegen sich zunehmend an die "exakte" Kurve, die man mit Hilfe der Exponentialfunktion berechnet.

Logarithmiert man die Exponentialfunktion, so findet man zunächst

$$\ln \frac{N(t)}{N_o} = \ln N(t) - \ln N_o = - \lambda \cdot t \, .$$

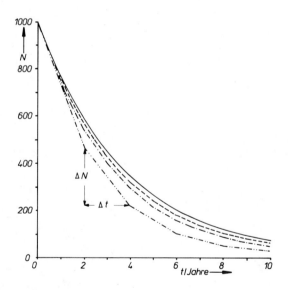

Fig. 9.2 Zur numerischen Berechnung des Zeitgesetzes für den radioaktiven Zerfall. Darstellung der Werte aus Tab. 9.1.

Setzt man $\ln N(t) = y$, $\ln N_o = b$ = const., so erhält man daraus die Gleichung einer Geraden

$$y = - \lambda \cdot t + b \, . \tag{9.5}$$

Trägt man also in einer graphischen Darstellung den Logarithmus der Zahl der vorhandenen Mutteratome als Funktion der Zeit t auf, erhält man eine Gerade. Dieses ist besonders einfach, wenn man ein entsprechendes Koordinatenpapier verwendet, bei dem die eine Achse logarithmisch, die andere linear geteilt ist. Die Zahlenwerte an der logarithmisch geteilten Achse sind die Numeri, nicht die Werte der Logarithmen! Dadurch wird die Handhabung besonders bequem. In Fig. 9.3 sind als Beispiel die Werte für Na-22 eingetragen, darüber hinaus eine Reihe von Halbwertzeiten.

Den gleichen Sachverhalt findet man, wenn man statt der Zahl der aktiven Mutterkerne die (gemessene) Aktivität A oder die Zahl der in einem Zeitintervall beobachteten Zerfälle ΔN in Koordinatenpapier einträgt, dessen eine Achse logarithmisch geteilt ist. Auch hier findet man einen linearen Zusammenhang. Da A und ΔN zu N proportional sind, ergibt sich in logarithmischer Darstellung lediglich eine Parallelverschiebung.

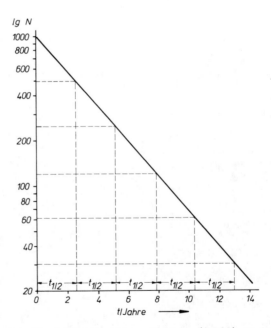

Fig. 9.3 Das Zeitgesetz für den radioaktiven Zerfall (Na-22) in halblogarithmischer Darstellung.

9.3 Reichweite von Röntgen- und Gammastrahlen

Die mittlere Reichweite $\bar{R}$ eines Photonen- (oder Teilchen-)Bündels ist, wenn N_i Photonen im Absorber den Weg x_i zurücklegen,

$$\bar{R} = \sum_i N_i \cdot x_i \Big/ \sum_i N_i \ . \tag{9.6}$$

$(\sum N_i)$ ist die Gesamtzahl der betrachteten Photonen. Bei einer kontinuierlichen Verteilung der Wege x ist N_i zu ersetzen durch $N(x)dx$, die Zahl der Photonen, die zwischen x und x + dx eine Wechselwirkung erfahren und aus dem Bündel ausscheiden. Aus Gl. (9.6) wird damit

$$\bar{R} = \int\limits_0^\infty x \cdot N(x)dx \Big/ \int\limits_0^\infty N(x)dx \ . \tag{9.7}$$

Mit dem Schwächungsgesetz für Röntgen- und Gammastrahlen (Gl. (6.9b)) $N(x) = N_o \cdot \exp(-\mu \cdot x)$ hat man zu berechnen

$$\bar{R} = \int\limits_0^\infty N_o \cdot x \cdot e^{-\mu x}dx \Big/ \int\limits_0^\infty N_o \cdot e^{-\mu x}dx \ . \tag{9.7a}$$

Die Ausführung der Integration ergibt für die mittlere Reichweite

$$\bar{R} = \frac{N_o/\mu^2}{N_o/\mu} = \frac{1}{\mu} \ . \tag{9.8}$$

Während geladene Teilchen ein vergleichsweise einheitliche Reichweite haben, liegen hier die Verhältnisse völlig anders: Nach der mittleren Reichweite sind im Photonenbündel noch

$$N(\bar{R}) = N_o \cdot e^{-\mu \cdot (1/\mu)} = N_o/e$$

Photonen enthalten, das sind etwa 37%. Nach der doppelten mittleren Reichweite sind es immer noch gut 13%.

9.4 Anmerkungen zu den Dosiseinheiten

Die Einheit Röntgen für die Ionendosis hat historischen Ursprung. Der Nachweis ionisierender Strahlung erfolgte früher durch den photographischen Film oder durch luftgefüllte Ionisationskammern. Die ursprüngliche Definition des Röntgen lautete: Ionisierende Strahlung erzeugt eine Ionendosis von einem Röntgen, wenn in 1 Kubikzentimeter Luft eine Ladung von 1 elektrostatischen Ladungsein-

heit durch Ionen eines Vorzeichens gebildet wird. 1 elektrostatische Ladungs-
einheit sind in SI-Einheiten $3,3362 \cdot 10^{-10}$ C, bei Normalbedingungen ist in
1 cm^3 Luft $1,293 \cdot 10^{-6}$ kg Masse enthalten (p = 1033 mbar, t = 0°C). Danach
folgt für die Ionendosis

$$J = \frac{\Delta Q}{\Delta m_L} = \frac{3,3362 \cdot 10^{-10} C}{1,293 \cdot 10^{-6} kg} = 2,580 \cdot 10^{-4} \text{ C/kg} = 1 \text{ R}.$$

Da die Ladung eines Vorzeichens von einem Ionenpaar gerade die Elementarladung
ist, werden nach der Definition in 1 cm^3 Luft

$$N_{Ion} = \frac{3,3362 \cdot 10^{-10} C}{1,602 \cdot 10^{-19} C} = 2,08 \cdot 10^{9}$$

Ionenpaare gebildet. Für die Erzeugung eines Ionenpaares wird in Luft im
Mittel eine Energie von 34 eV benötigt. Für die Bildung von $2,08 \cdot 10^{9}$ Ionenpaa-
ren ist daher eine Energie von

$$E_D = 2,08 \cdot 10^{9} \cdot 34 \cdot 1,602 \cdot 10^{-19} \text{ J} = 1,13 \cdot 10^{-8} \text{ J}$$

notwendig. Die zu einem Röntgen gehörige Energiedosis ist daher

$$D = \frac{\Delta W_D}{\Delta m} = \frac{1,13 \cdot 10^{-8} \text{ J}}{1,293 \cdot 10^{-6} kg} = 0,0088 \text{ J/kg} = 0,88 \text{ rd}.$$

In die letztere Umrechnung geht der Zahlenwert für die mittlere Ionisierungs-
energie der Luft ein, also eine materialspezifische Konstante. Für andere
Absorbermaterialien sind daher andere Umrechnungsfaktoren zu erwarten, für
Weichteilgewebe (Wasser) gilt annähernd:

Bei einer Ionendosis von 1 Röntgen wird in Weichteilgewebe eine Energiedosis
von 1 Rad = 0,01 Gy absorbiert.

Handelt es sich um Photonenstrahlung (Röntgenstrahlung, γ-Strahlung) oder um
Elektronen, ist der biologische Bewertungsfaktor Q = 1. Aus diesem Grunde
werden die fast zahlengleichen Angaben von Energiedosis, Äquivalentdosis und
Ionendosis in den Einheiten Rad, Rem und Röntgen bedenkenlos nebeneinander
gebraucht. Die Einführung der SI-Einheiten Gray, Sievers und C/kg sollte hier
mehr begriffliche Eindeutigkeit vermitteln.

Bei der Umrechnung der auf Minute und Stunde bezogenen Dosisleistungen treten
im allgemeinen keine glatten Zahlenwerte auf, da

$$1 \text{ Sekunde} = 1/3600 \text{ Stunde} = 2,77\ldots \cdot 10^{-4} \text{ h}$$

und

$$1 \text{ Sekunde} = 1/60 \text{ Minute} = 1,66\ldots \cdot 10^{-2} \text{ min}.$$

So liefert z.B. die oft gebrauchte Einheit 1 Röntgen/Stunde bei der Umrechnung auf SI-Einheiten

$$1 \text{ R/h} = 2,58 \cdot 10^{-4} \text{ C/kg} \cdot \text{h} = \frac{2,58 \cdot 10^{-4} \text{ C}}{3600 \text{ kg} \cdot \text{s}} = 7,16\ldots \cdot 10^{-8} \text{ C/kg} \cdot \text{s (A/kg)}.$$

In der Praxis wird meist näherungsweise verwendet

$$1 \text{ R/h} \approx 72 \cdot 10^{-9} \text{ A/kg} = 72 \text{ nA/kg}.$$

Entsprechend ergibt sich die Umrechnung anderer Einheiten.

9.5 Transport radioaktiver Stoffe

Die Genehmigungen zum Transport radioaktiver Stoffe auf öffentlichen Verkehrswegen werden von den zuständigen Landesbehörden, auf höchstens 3 Jahre befristet, erteilt. Sofern es sich nicht um eine Genehmigung für Transportunternehmen (Luftfahrt, Eisenbahn, Schiffahrt) handelt, wird es sich in aller Regel um eine Genehmigung für den Transport auf der Straße handeln. Dabei sind neben den Vorschriften der Strahlenschutzverordnung und des Genehmigungsbescheides auch die der Verordnung über die Beförderung gefährlicher Güter auf der Straße (GGVS) mit den Anlagen A und B einschließlich zugehöriger Änderungs- und Ausnahmeverordnungen einzuhalten. Die Genehmigung zum Transport radioaktiver Stoffe geht davon aus (§ 10 StrlSchV), daß

1. keine Tatsachen vorliegen, aus denen sich Bedenken gegen die Zuverlässigkeit des Absenders, des Beförderers und der die Versendung und Beförderung besorgenden Personen, ihrer gesetzlichen Vertreter oder, bei juristischen Personen oder nicht rechtsfähigen Personenvereinigungen, der nach Gesetz, Satzung oder Gesellschaftsvertrag zur Vertretung oder Geschäftsführung Berechtigten ergeben,

2. gewährleistet ist, daß die Beförderung durch Personen ausgeführt wird, die die für die beabsichtigte Art der Beförderung von sonstigen radioaktiven Stoffen notwendigen Kenntnisse über die anzuwendenden Schutzmaßnahmen besitzen,

3. gewährleistet ist, daß die sonstigen radioaktiven Stoffe unter Beachtung der für den jeweiligen Verkehrsträger geltenden Rechtsvorschriften über die Beförderung gefährlicher Güter befördert werden oder, soweit solche Vorschriften fehlen, auf andere Weise die nach dem Stand von Wissenschaft und

Technik erforderliche Vorsorge gegen Schäden durch die Beförderung der radioaktiven Stoffe getroffen ist,

4. bei der Beförderung von sonstigen radioaktiven Stoffen, deren Aktivität je Beförderungs- oder Versandstück das 10 fache der Freigrenzen der Anlage IV Tabelle 1 Spalte 4 überschreitet, die erforderliche Vorsorge für die Erfüllung gesetzlicher Schadensersatzverpflichtungen getroffen ist,

5. der erforderliche Schutz gegen Störmaßnahmen oder sonstige Einwirkung Dritter gewährleistet ist,

6. gewährleistet ist, daß bei der Beförderung von sonstigen radioaktiven Stoffen von mehr als dem 10^{10} fachen der Freigrenzen der Anlage IV Tabelle 1 Spalte 4 unter entsprechender Anwendung des § 38 mit einer dort genannten Einrichtung die Vereinbarungen geschlossen sind, die die Einrichtung bei Unfällen oder Störfällen zur Schadensbekämpfung verplichten, und

7. überwiegende öffentliche Interessen der Wahl der Art, der Zeit und des Weges der Beförderung nicht entgegenstehen.

Die in der Regel mit dem Genehmigungsbescheid festgesetzten Auflagen sollen Schadensfälle verhindern oder zumindest doch so gering wie möglich halten. Dies heißt über die oben zitierte Ziffer 2 hinaus:

1. Das radioaktive Transportgut muß gemäß den Beförderungsvorschriften und den Auflagen des Genehmigungsbescheides verpackt und gekennzeichnet sein. In der Gefahrgutverordnung Straße (GGVS) werden dazu in der Analge A, Randnummer 2700 die verschiedenen radioaktiven Stoffe klassifiziert und in Randnummer 2703 dazu die Erfordernisse für den Transport spezifiziert: a) Gefahrzettel auf den Versandstücken, b) Verpackung der Versandstücke, c) Höchstzulässige Dosisleistung der Versandstücke, d) Zusammenpackung von Versandstücken, e) Kontamination an der Außenseite der Versandstücke, f) Aufschriften auf Versandstücken, g) Begleitpapiere, h) Lagerung und Versand, i) Verladung der Versandstücke in Fahrzeugen und Containern, k) Beförderung in loser Schüttung in Fahrzeugen und Containern, l) Zettel an Fahrzeugen, Tankfahrzeugen, Tankcontainern und Containern, m) Zusammenladeverbote und n) Dekontamination der Fahrzeuge, Tankfahrzeuge, Tankcontainer und Container.

2. Das Verladen und Umpacken radioaktiver Stoffe muß unter besonderer Beachtung der Strahlengefährdung erfolgen. Geschieht dies von Hand, so sollen die verpackten radioaktiven Stoffe knapp über dem Boden mit Hilfe von Tragegurten oder Tragestangen transportiert werden. Sollten sie dabei herabfallen, ist durch die geringe Fallhöhe eine mögliche Beschädigung der Verpackung und ihres Inhaltes weitestgehend ausgeschlossen. Zudem sind Keimdrüsen besser vor Strahlung geschützt. Radioaktives Transportgut darf nicht geworfen und möglichst nicht gestoßen werden (im Fahrzeug gegen Verrutschen sichern !).

3. Fahrzeuge, in denen sich radioaktive Stoffe befinden, müssen gegen Diebstahl und sonstigen Verlust gesichert sein (verschließbare Türen, Lenkradschloß). Verlust oder Diebstahl gehören zu den gefährlichsten Vorkommnissen beim Transport radioaktiver Stoffe, da dabei Personen in den Besitz solcher Stoffe gelangen können, welche die Strahlengefährdung nicht kennen oder

nicht wissen, daß sie einen radioaktiven Stoff gefunden oder entwendet haben. Während des Transportvorganges darf das Fahrzeug nicht ohne Aufsicht bleiben.

4. Personen, die für den Transport nicht erforderlich sind, dürfen nicht mitgenommen werden.

5. Der Transport soll auf dem für die Sicherheit günstigsten Wege und ohne unnötigen Aufenthalt durchgeführt werden. Verkehrsschwache Zeiten sollten bevorzugt werden.

6. Fahrzeuge, in denen sich radioaktive Stoffe befinden, dürfen nicht an Orten abgestellt werden, an denen sich ständig Personen aufhalten oder an denen gefährliche Güter gelagert werden.

7. Im Fahrzeug muß beim Transport radioaktiver Stoffe eine entsprechende Ausrüstung mitgeführt werden:
   a) 1 Feuerlöscher (6 kg, Brandklasse A,B,C).
      Brand kann unversehrte Versandstücke zerstören und zu einer Gefährdung durch äußere Bestrahlung und insbesondere zu Kontamination und Inkorporation führen. Deshalb ist unter allen Umständen zu verhindern, daß der Brand auf die radioaktive Ladung übergreift. Der Brand kann auch von anderen in den Unfall verwickelten Fahrzeugen ausgehen.
   b) 2 Warnblinkleuchten.
   c) 1 geeignetes und jederzeit funktionsfähiges Meßgerät zur Bestimmung der Dosisleistung (Strahlungsmonitor).
      Die Dosisleistung an den Fahrersitzen darf 2 mrem/h nicht überschreiten.
   d) Ein Merkblatt zum Verhalten bei Unfällen, in dem insbesondere auf die sofortige Meldepflicht bei Verlust des Versandstückes, Verdacht auf Beschädigung der Umhüllung des radioaktiven Stoffes oder Unfall des Transportfahrzeuges bei der zuständigen Landes-Aufsichtsbehörde, der Polizei und (bei Brand) der Feuerwehr hingewiesen wird.

Die Sicherheit beim Transport radioaktiver Stoffe hängt wesentlich von ihrer zweckmäßigen Verpackung ab. Mit zunehmender Aktivität steigen daher die Anforderungen an sie. Während bei schwächeren Aktivitäten nichttypisierte Verpackungen (Schachteln, Büchsen, Fässer) ausreichend sind, haben typisierte Verpackungen höheren Ansprüchen zu genügen. Typ A-Verpackungen müssen normalen Transportbelastungen genügen, ihre Eignung wird durch Versuche mit Prototypen oder Modellen nachgeprüft (Wassersprüh-, Freifall-, Druck- und Durchstoßungsprüfung). Die Dichtheit der Umschließung und die Wirksamkeit der Abschirmung müssen nach diesen Prüfungen gewährleistet sein. Bei Typ B-Verpackungen werden darüber hinaus Fallprüfungen unter verschärften Bedingungen vorgenommen, außerdem eine Erhitzungsprüfung (30 min bei 800°C) und eine Immersionsprüfung (Tauchtiefe in Wasser 15 m).

Größe				Einheit		
				Spezielle Einheit		
Name	Formel-zeichen	Dimension in LMTI	SI-Einheit	Name	Kurz-zeichen	Einheitengleichung
Auf das Material übertragene Energie	E_D	L^2M/T^2	J			
Energiedosis	D	L^2/T^2 J/kg	Gray (Gy)	Rad	rd	$1\ rd = 10^{-2}$ J/kg
Energiedosisleistung	$\dot{D}$	L^2/T^3	Gy/s (W/kg)	Rad/Sekunde	rd/s	$1\ rd/s = 10^{-2}$ W/kg
Kerma	K	L^2/T^2	W/kg	Rad/Sekunde	rd/s	$1\ rd/s = 10^{-2}$ W/kg
Kermaleistung	$\dot{K}$	L^2/T^3	W/kg	Rad/Sekunde	rd/s	$1\ rd/s = 10^{-2}$ W/kg
Ionendosis	J	TI/M	C/kg	Röntgen	R	$1\ R = 2,58\cdot10^{-4}$ C/kg
Ionendosisleistung	$\dot{J}$	I/M	A/kg	Röntgen/Sekunde	R/s	$1\ R/s = 2,58\cdot10^{-4}$ A/kg
Äquivalentdosis	D_q	L^2/T^2	Sievers (Sv) J/kg	Rem	rem	$1\ rem = 10^{-2}$ J/kg

Tab. 9.2 Größen und Einheiten der Dosimetrie.
Dimension: L Länge, M Masse, T Zeit, I Elektrische Stromstärke
SI-Einheiten: J Joule, W Watt, C Coulomb, A Ampere, m Meter, kg Kilogramm, s Sekunde.

Zugelassene Äquivalentdosis in rem		0,1	0,15	0,5	1	1,5	3	5	15	25	60
Beruflich strahlenexponierte Personen:											
Teilkörperbestrahlungen (Hände usw.)	pro Jahr										33.1
außergewöhnliche Strahlenbelastung	einmalig									32.6	
Teilkörperbestrahlungen (Hände usw.)	pro 13 Wochen								33.1		
Ganzkörperbestrahlungen	pro Jahr							32.3			
Ganzkörperbestrahlungen	pro 13 Wochen						32.3				
Gebährfähige	pro 13 Wochen					32.5					
Auszubildende über 18 Jahre im Kontrollbereich	pro Jahr					34.3					
Kontrollbereich-Abgrenzung	pro Jahr					15.1					
gelegentlich im Kontrollbereich Tätige	pro Jahr					34.2					
Leibesfrucht während der ersten 2 Monate der Schwangerschaft					27.3						
Auszubildende unter 18 Jahre im Kontrollbereich	pro Jahr			34.3							
Personen im Überwachungsbereich	pro Jahr			34.4							
Räume außerhalb von Kontrollbereichen	pro Jahr			17.3							
Wohnräume (Daueraufenthalt zulässig)	pro Jahr	17.5									
Überwachungsbereich-Abgrenzung	pro Jahr	15.2									
Dauerabschirmeinrichtungen	pro Woche	17.1									

Höchstzulässige Lebensalterdosis (N = Anzahl der Lebensjahre): $D_q = (N - 18) \cdot 5$ rem

Aufbewahrungspflichten von Aufzeichnungen

Strahlenschutzbelehrungen (§ 41.2)	5 Jahre
Röntgenuntersuchungen (§ 29.4)	10 Jahre
Messungen von Therapieapparaten (§ 13.3)	30 Jahre
Röntgenbehandlungen (§ 29.4)	30 Jahre
Ortsdosismessungen (§ 39.2)	30 Jahre
Personendosismessungen (§ 40.2)	30 Jahre
Strahlenschutzuntersuchungen (§ 43)	30 Jahre

Termine

Dosisleistungsmessung von Therapieapparaten (§ 13.1)	alle 6 Monate
Ärztliche Untersuchungen der Beschäftigten (§ 42.2)	jährlich
Messungen der Personendosen (§ 40.2)	
mit Tagesdosimetern	täglich
evtl. auf Antrag (§ 40.6)	weniger oft
mit Filmdosimetern durch die	
Auswertungsstellen (§ 40.2)	monatlich
evtl. auf Anordnung (§40.6)	häufiger

Tab. 9.3 Zusammenstellung der Vorschriften aus der Röntgenverordnung vom 1. März 1973 (nach einem Rundschreiben der GSF, Neuherberg/. Die angegebenen Zahlen bezeichnen die betreffenden Paragraphen der Verordnung. Die Vorschriften der Strahlenschutzverordnung vom 13. Oktober 1976 entsprechen den hier angegebenen Werten.

10. Aufsichts- und Genehmigungsbehörden

Der Vollzug der Strahlenschutzverordnung wie auch der Röntgenverordnung ist auf Länderebene geregelt. Die folgende Zusammenstellung nennt die in den Bundesländern zuständigen Aufsichtsbehörden, bei denen die Zuständigkeiten für Teilaufgaben erfragt werden können.

10.1 Aufsichtsbehörden zum Vollzug der Strahlenschutzverordnung

(Umgang und Verkehr mit radioaktiven Stoffen und Anlagen, Geräten und Vorrichtungen zur Erzeugung ionisierender Strahlen sowie Errichtung und Betrieb solcher Anlagen).

Land	allgemein	Bergbaubetriebe
Baden-Württemberg	Staatliches Gewerbeaufsichtsamt	Bergamt
Bayern	Bayerisches Landesamt für Umweltschutz	
Berlin	Landesamt für Arbeitsschutz und technische Sicherheit (früher Gewerbeaufsichtsamt)	
Bremen	Staatliches Gewerbeaufsichtsamt	Oberbergamt für die Freie Hansestadt Bremen
Hamburg	Arbeits- und Sozialbehörde der Freien und Hansestadt Hamburg	Oberbergamt für die Freie und Hansestadt Hamburg
Hessen	Staatliches Gewerbeaufsichtsamt	Bergamt
Niedersachsen	Staatliches Gewerbeaufsichtsamt	Bergamt
Nordrhein-Westfalen	Staatliches Gewerbeaufsichtsamt	Bergamt
Rheinland-Pfalz	Staatliches Gewerbeaufsichtsamt	Bergamt
Saarland	Minister für Umwelt, Raumordnung und Bauwesen des Saarlandes	
Schleswig-Holstein	Staatliches Gewerbeaufsichtsamt	Bergamt

Zum Teil abweichende Dienststellen bestehen für folgende Teilaufgaben:

a) Aufsichtsbehörden für die Beförderung radioaktiver Stoffe (einschließlich Kernbrennstoffe),

b) Genehmigungsbehörden für den Umgang mit sonstigen radioaktiven Stoffen und für die Beseitigung kernbrennstoffhaltiger Abfälle gem. § 3 StrlSchV,

c) Genehmigungsbehörden für die Beförderung radioaktiver Stoffe gem. §8 StrlSchV,

d) Genehmigungsbehörden für die Errichtung, den Betrieb und den Probebetrieb von Beschleunigern gem. §§ 15, 16 und 20 StrlSchV,

e) Genehmigungsbehörden für die Tätigkeit in fremden Anlagen oder Einrichtungen gem. § 20a StrlSchV,

f) Sammelstellen für radioaktive Abfälle nach § 9a Abs. 3 des Atomgesetzes und § 47 Abs. 1 und 2 StrlSchV,

g) Zulassungsbehörden für Anlagen, Geräte und Vorrichtungen nach § 22 StrlSchV,

h) Amtliche Meßstellen für die Personendosimetrie nach § 63 Abs. 3 und 6 StrlSchV,

i) Zuständige Behörden für die Ermächtigung von Überwachungsärzten nach § 71 Abs. 1 StrlSchV,

k) Zuständige Stellen für die Erteilung einer Bescheinigung zum Nachweis der erforderlichen Fachkunde gem. § 6 Abs. 2 und § 19 Abs. 2 StrlSchV,

l) Prüfung umschlossener radioaktiver Stoffe nach § 75 StrlSchV.

10.2 Aufsichtsbehörden zum Vollzug der Röntgenverordnung

Land	Aufsichtsbehörde	
	medizinischer Bereich	nichtmedizinischer Bereich
Baden-Württemberg	Staatliches Gewerbeaufsichtsamt (Betriebe unter Bergaufsicht: Landesbergamt	
Bayern	Bayerisches Landesamt für Umweltschutz	Gewerblicher Bereich: Staatl. Gewerbeaufsichtsamt nichtgewerblicher Bereich: B. Landesamt f. Umweltschutz
Berlin	Landesamt für Arbeitsschutz und technische Sicherheit	
Bremen	Staatliches Gewerbeaufsichtsamt	
Hamburg	Amt für Arbeitsschutz	
Hessen	Staatliches Gewerbeaufsichtsamt (Bergbau: Bergamt)	
Niedersachsen	Staatliches Gewerbeaufsichtsamt (Bergbau: Bergamt)	
Nordrhein-Westfalen	Staatliches Gewerbeaufsichtsamt (Bergbau: Bergamt)	
Rheinland-Pfalz	Staatliches Gewerbeaufsichtsamt (Bergbau: Bergamt)	
Saarland	Minister für Umwelt, Raumordnung und Bauwesen des Saarlandes	
Schleswig-Holstein	Staatliches Gewerbeamt	

Zum Teil abweichende Dienststellen bestehen für folgende Teilaufgaben:

a) Genehmigungsbehörden für Röntgeneinrichtungen im medizinischen und nichtmedizinischen Bereich nach § 3 RöV und für Störstrahler nach § 5 RöV,

b) Bauartzulassungen gem. § 7 Abs. 2 RöV,

c) Zuständige Stellen für die Erteilung einer Bescheinigung zum Nachweis der erforderlichen Fachkunde gem. § 4 Abs. 2 Satz 1 RöV,

d) Bestellung von Sachverständigen gem. § 4 Abs. 1 RöV,

e) Zuständige Behörden für die Ermächtigung von Überwachungsärzten gem. § 42 Abs. 1 RöV,

f) Landesrechtlich bestimmte Meßstellen für die Personendosimetrie gem. § 40 RöV.

11. Literatur

11.1 Physikalische Lehrbücher
(mit besonderer Berücksichtigung medizinisch-biologischer Aspekte)

Beier, Walter, Klaus Dähnert und Martin Rödenbeck: Medizinische Physik. Einführung in die biophysikalische Analyse medizinischer Systeme.
Stuttgart: Gustav Fischer Verlag 1972.

Beier, Walter und Fritz Pliquett: Physik für das Grundstudium in Medizin, Biowissenschaften, Tierproduktion, Veterinärmedizin.
Leipzig: Johann Ambrosius Barth 1971.

Biehl, Karl Ernst und Detlev Schild: Physik fürs Physikum nach dem Gegenstandskatalog.
Heidelberg: Verlag Jungjohann 1976.

Glocker, Richard und Eckard Macherauch: Röntgen- und Kernphysik für Mediziner und Biophysiker.
Stuttgart: Georg Thieme Verlag 1971.

Haase, Günter: Physikalische Grundlagen (Physik für Mediziner).
Frankfurt/M.: Akademische Verlagsgesellschaft 1973.

Harten, Hans-Ulrich: Physik für Mediziner. Eine Einführung. Unter Mitarbeit von Hans Nägerl, Jörg Schmidt und Hans-Dieter Schulte.
Berlin u.a.: Springer-Verlag 1974.

Kamke, Detlef und Wilhelm Walcher: Physik für Mediziner.
Stuttgart: B. G. Teubner 1982.

Müller, Hans Robert und Rudolf Gräfe: Grundriß der Physik für Mediziner und medizinische Berufe.
Frankfurt/M.: Harri Deutsch 1972.

Stacheter, Michael: Physik nach dem Gegenstandskatalog für die ärztliche Vorprüfung. Hrsg. von der Fachschaftsvertretung Medizin München.
München: Mediscript-Verlag 1980 ("mediscript"-Reihe).

Trautwein, Alfred, Uwe Kreibig und Erich Oberhausen: Physik für Mediziner, Biologen, Pharmazeuten.
Berlin und New York: De Gruyter 1978.

Ulrichs, Hans Christian: Physik zum Gegenstandskatalog für die ärztliche Vorprüfung.
Freiburg u.a.: Herder 1976.

11.2 Radiologie und Strahlenschutz

Frommhold, Walter, Heinz Gajewski und Hanns Detlev Schoen (Hrsg.): Medizinische Röntgentechnik.
Stuttgart: Georg Thieme Verlag 1979.
Band I: Physikalische und technische Grundlagen,
Band II:Aufnahmetechnik von Skelett und Zähnen, medizinischer Strahlenschutz.

Fuchs, Georg: Die Strahlengefährdung des Menschen in der gegenwärtigen Zivilisation.
Berlin: Akademie-Verlag 1971.

Jaeger, Robert G. und Walter Hübner (Hrsg.): Dosimetrie und Strahlenschutz. Physikalisch-technische Daten und Methoden für die Praxis. Stuttgart: Georg Thieme Verlag 1974.

Radiologisches Zentrum der Universität Heidelberg: Kursus Radiologie und Strahlenschutz. Berlin: Springer-Verlag 1972 (Heidelberger Taschenbücher Band 112).

Sauter, Eugen: Grundlagen des Strahlenschutzes. Berlin: Siemens AG 1971.

Schlungbaum, Werner: Medizinische Strahlenkunde. Berlin: Walter de Gruyter 1973.

Stieve, Friedrich-Ernst (Hrsg.): Strahlenschutzkurs für Ärzte. Kurs-Lehrbuch für die Anwendung von Röntgenstrahlen und radioaktiven Stoffen in der Medizin. Berlin: Verlag Hildegard Hofmann 1974.

11.3 Gesetze und Verordnungen

(veröffentlicht im Bundesgesetzblatt, im Bundesanzeiger und im Gemeinsamen Ministerialblatt der Bundesregierung)

11.3.1 Atomrechtliche Bestimmungen

a) Grundgesetz für die Bundesrepublik Deutschland

b) Gesetz über die friedliche Verwendung der Kernenergie und den Schutz gegen ihre Gefahren (Atomgesetz)

c) Genehmigungs- und Aufsichtsbehörden für Kernanlagen

d) Genehmigungs- und Aufsichtsbehörden für Kernbrennstoffe außerhalb von Kernanlagen

e) Verordnung über das Verfahren bei der Genehmigung von Anlagen nach § 7 des Atomgesetzes (Atomrechtliche Verfahrensverordnung - AtVfV)

f) Bekanntmachung über die Bildung einer Reaktor-Sicherheitskommission

g) Verordnung über die Deckungsvorsorge nach dem Atomgesetz (Atomrechtliche Deckungsvorsorge-Verordnung - AtDeckV)

h) Allgemeine Verwaltungsvorschrift zu den §§ 5, 9 und 10 der Deckungsvorsorge-Verordnung (VwvAHBStr)

i) Allgemeine Versicherungsbedingungen für die Haftpflichtversicherung von genehmigter Tätigkeit mit Kernbrennstoffen und sonstigen radioaktiven Stoffen außerhalb von Atomanlagen (AHBStr)

k) Kostenverordnung zum Atomgesetz

l) Verwaltungskostengesetz (VwKostG)

m) Verwaltungsverfahrensgesetz (VwVfG)

n) Gesetz über das Eich- und Meßwesen (Eichgesetz)

o) Zweite Verordnung über die Eichpflicht von Meßgeräten

p) Gesetz über Einheiten im Meßwesen

q) Ausführungsverordnung zum Gesetz über Einheiten im Meßwesen

r) Sicherheitskriterien für Kernkraftwerke

11.3.2 Strahlenschutzverordnungen nach dem Atomgesetz

a) Verordnung über den Schutz vor Schäden durch ionisierende Strahlen (Strahlenschutzverordnung - StrSchV)

b) Richtlinie für den Strahlenschutz bei Verwendung radioaktiver Stoffe und beim Betrieb von Anlagen zur Erzeugung ionisierender Strahlen und Bestrahlungseinrichtungen mit radioaktiven Quellen in der Medizin (Richtlinie Strahlenschutz in der Medizin)

c) Grundsätze für die ärztliche Überwachung von beruflich strahlenexponierten Personen

d) Anforderungen an die nach Landesrecht zuständige Meßstelle nach § 63 Abs. 3 Satz 1 StrlSchV und § 40 Abs. 2 Satz 4 RöV

e) Berechnungsgrundlage für die Ermittlung der Körperdosis bei innerer Strahlenexposition (Richtlinie zu § 63 StrlSchV)

f) Merkposten zu Antragsunterlagen in den Genehmigungsverfahren für Anlagen zur Erzeugung ionisierender Strahlen

g) Rahmenrichtlinie zu Überprüfungen nach § 76 StrlSchV

h) Verordnung über den Schutz vor Schäden durch Röntgenstrahlen (Röntgenverordnung - RöV)

i) Durchführung der Röntgenverordnung
   1. Bekanntmachung des BMA und des BMJFG
      Rundschreiben an die für die Durchführung der RöV zuständigen obersten Landesbehörden
      Mustervordrucke
      Richtlinien über den Erwerb der Fachkunde und der Kenntnisse im Strahlenschutz nach der RöV
      Richtlinien für Strahlenschutzprüfungen nach § 4 Abs. 1 der RöV
      Zuständigkeitsregelungen
   2. Bekanntmachung des BMA und des BMJFG
      Richtlinien über Art und Umfang der Messung der Personendosis nach § 40 der RöV
      Richtlinien über die Bewertung der Personendosis nach § 40 der RöV
      Richtlinien über die Aufzeichnungen nach § 29 der RöV
      Richtlinien für die Anschlußmessungen nach § 13 Abs. 2 der RöV
      Merkblatt über den Strahlenschutz in Wartungs- und Instandsetzungsbetrieben für Fernsehbildwiedergabegeräte
      Zusammenstellung der Veranstaltungen über Strahlenschutz, die als Strahlenschutzkurse vor Inkrafttreten der Röntgenverordnung anerkannt werden

11.3.3 Lebens- und Arzneimittelrecht

a) Gesetz zur Neuordnung und Bereinigung des Rechts im Verkehr mit Lebensmitteln, Tabakerzeugnissen, kosmetischen Mitteln und sonstigen Bedarfsgegenständen (Gesetz zur Gesamtreform des Lebensmittelrechts)

b) Verordnung über die Behandlung von Lebensmitteln mit Elektronen-, Gamma- und Röntgenstrahlen oder ultravioletten Strahlen (Lebensmittel-Bestrahlungs-Verordnung)

c) Gesetz zur Neuordnung des Arzneimittelrechts

d) Verordnung über die Zulassung von Arzneimitteln, die mit ionisierenden Strahlen behandelt worden sind oder radioaktive Stoffe enthalten

11.3.4 Vorschriften über die Beförderung radioaktiver Stoffe

a) Gesetz über die Beförderung gefährlicher Güter

b) Verordnung über die Beförderung gefährlicher Güter mit der Eisenbahn (Gefahrgutverordnung Eisenbahn - GGVE)

c) Internationale Ordnung für die Beförderung gefährlicher Güter mit der Eisenbahn (RID)

d) Luftverkehrsgesetz (LuftVG) mit Luftverkehrs-Zulassungs-Ordnung (Luft-VZO)

e) Bekanntmachung über die Erlaubnis zum Mitführen gefährlicher Güter in Luftfahrzeugen

f) IATA-Vorschriften über die Beförderung bedingt zugelassener Güter (International Air Transport Association)

g) Verordnung über die Beförderung gefährlicher Güter mit Seeschiffen (GefahrgutVSee) mit Anlage A (International Maritime Dangerous Goods Code (IMDG-Code)

h) Verordnung über die Beförderung gefährlicher Güter auf dem Rhein (ADNR) und über die Ausdehnung dieser Verordnung auf die übrigen Bundeswasserstraßen mit Anlage A

i) Gesetz zu dem Europäischen Übereinkommen vom 30. September 1957 über die internationale Beförderung gefährlicher Güter auf der Straße (ADR) mit Anlagen A und B

k) Verordnung über die Beförderung gefährlicher Güter auf der Straße (Gefahrgutverordnung Straße - GGVS) mit Anlagen A und B

l) Verordnung über Ausnahmen von der Verordnung über die Beförderung gefährlicher Güter auf der Straße (Straßen-Gefahrgutausnahmeverordnung)

m) Postordnung (§ 13: Ausschluß von der Postbeförderung für radioaktive Stoffe)

11.3.5 Internationale Vorschriften

a) Richtlinie des Rates vom 15. Juli 1980 zur Änderung der Richtlinien, mit denen die Grundnormen für den Gesundheitsschutz der Bevölkerung und der Arbeitskräfte gegen die Gefahren ionisierender Strahlungen festgelegt wurden (80/836/Euratom)

b) Verordnung (Euratom) Nr. 3227/76 der Kommission vom 19. Oktober 1976 zur Anwendung der Bestimmungen der Euratom-Sicherungsmaßnahmen

c) Ausführungsgesetz zu dem Übereinkommen vom 5. April 1973 zwischen dem Königreich Belgien, dem Königreich Dänemark, der Bundesrepublik Deutschland, Irland, der Italienischen Republik, dem Großherzogtum Luxemburg, dem Königreich der Niederlande, der Europäischen Atomgemeinschaft und der Internationalen Atomenergie-Organisation in Ausführung von Artikel III Abs. 1 und 4 des Vertrages vom 1. Juli 1968 über die Nichtverbreitung von Kernwaffen (Verifikationsabkommen), (Ausführungsgesetz zum Verifikationsabkommen - VerifAbkAusfG)

11.4 DIN-Vorschriften

Normen für Größen und Einheiten in Naturwissenschaft und Technik,
   Berlin: Beuth Verlag 1978 (DIN-Taschenbuch Nr. 22).

Strahlenschutz: Normen über Grundlagen und Methoden,
   Berlin: Beuth Verlag 1982 (DIN-Taschenbuch Nr. 159).

6800 Dosismeßverfahren in der radiologischen Technik
   Teil 1: Allgemeines zur Dosimetrie von Photonen- und Elektronenstrah-
      lung nach der Sondenmethode
   Teil 2: Ionisationsdosimetrie
   Teil 3: Eisensulfatdosimetrie
   Teil 4: Filmdosimetrie
   Teil 5: Thermolumineszenz-Dosimetrie
   Teil 6: Photolumineszenz-Dosimetrie

6804 Geschlossene radioaktive Präparate in medizinischen Betrieben; Regeln
   für den Strahlenschutz

6809 Klinische Dosimetrie
   Teil 1: Therapeutische Anwendung gebündelter Röntgen- Gamma- und Elek-
      tronenstrahlung
   Teil 2: Interstitielle und Kontaktbestrahlung mit umschlossenen
      gamma- und betastrahlenden radioaktiven Stoffen
   Teil 3: Röntgendiagnostik (Entwurf)

6811 Medizinische Röntgeneinrichtungen bis 300 kV; Strahlenschutzregeln
   für die Herstellung

6812 Medizinische Röntgeneinrichtungen bis 300 kV; Strahlenschutzregeln
   für die Errichtung

6813 Strahlenschutzzubehör bei medizinischer Anwendung von Röntgenstrahlen
   bis 300 kV; Regeln für die Herstellung und Benutzung

6814 Begriffe und Benennungen in der radiologischen Technik
   Teil 1: Anwendungsgebiete
   Teil 2: Strahlenphysik
   Teil 3: Dosisgrößen und Dosiseinheiten (Entwurf)
   Teil 4: Radioaktivität
   Teil 5: Strahlenschutz (Entwurf)
   Teil 6: Technische Mittel zur Erzeugung von Röntgen- und Elektronen-
      strahlung
   Teil 7: Technische Mittel zur medizinischen Anwendung von Röntgen-
      und Elektronenstrahlung
   Teil 9: Radioskopie und Radiographie
   Teil 10: Szintigraphie inkorporierter Radionuklide
   Teil 12: Elektronische Datenverarbeitung in der Dosimetrie
   Teil 13: Kollimatoren und Abschirmungen für nuklearmedizinische Meßge-
      räte
   Teil 14: Abbildende Systeme
   Teil 90: Radioskopie und Radiographie, Röntgentomographie

6815 Strahlenschutzprüfungen in medizinischen Röntgenbetrieben
   Teil 2: Regeln für die Prüfung des Strahlenschutzes nach Errichtung
      medizinischer Röntgenanlagen bis 300 kV

6816 Filmdosimetrie nach dem filteranalytischen Verfahren zur Strahlen-
   schutzüberwachung

6817 Therapiedosimeter mit Ionisationskammern für Röntgen- und Gamma- und
   Elektronenstrahlung; Regeln für die Herstellung (Entwurf)

6818 Strahlenschutzdosimeter
Teil 1: Allgemeine Regeln
Teil 2: Direkt ablesbare Ionisationskammer-Stabdosimeter für Gamma-
und Röntgenstrahlen
Teil 3: Nicht direkt ablesbare Ionisationskammer-Stabdosimeter für
Gamma- und Röntgenstrahlen
Teil 4: Tragbare Ionisationskammerdosimeter für Gamma- und Röntgen-
strahlen
Teil 5: Zählrohr-Dosisleistungsmesser für Gamma- und Röntgenstrahlen

6819 Strahlenexposition des Patienten in der Röntgendiagnostik; Messung
des Flächendosisproduktes

6823 Röntgenstrahler für medizinische Zwecke
Teil 1: Ermittlung der Brennfleckabmessungen für Diagnostikstrahler
mit der Lochkamera
Teil 2: Ermittlung der Brennfleckabmessungen für Diagnostikstrahler
mit der Spaltkamera
Teil 3: Ermittlung der Modulationsübertragungsfunktion der Intensitätsverteilung im optischen Brennfleck

6825 Röntgen-Bildverstärker
Teil 1: Bestimmung des Konversionsfaktors von elektronenoptischen
Röntgen-Bildverstärkern und Röntgen-Bildverstärkerröhren
Teil 2: Eingangsdurchmesser von elektronenoptischen Röntgen-Bildver-
stärkern und Röntgen-Bildverstärkerröhren
Teil 3: Bestimmung der Luchtdichteverteilung von elektronenoptischen
Röntgen-Bildverstärkern und Röntgen-Bildverstärkerröhren
Teil 4: Bestimmung der Verzeichnung von elektronenoptischen Röntgen-
Bildverstärkern und Röntgen-Bildverstärkerröhren

6826 Röntgen-Streustrahlenraster; Kenngrößen

6827 Protokollierung bei der medizinischen Anwendung ionisierender Strahlen
Teil 1: Therapie mit Röntgen- Gamma- und Elektronenbestrahlungsein-
richtungen
Teil 2: Diagnostik und Therapie mit offenen radioaktiven Präparaten

6828 Mechanische Sicherheit von Anlagen zur medizinischen Anwendung ioni-
sierender Strahlung
Teil 1: Regeln für die Herstellung von Einrichtungen
Teil 2: Regeln für die Errichtung von Anlagen

6830 Röntgenfilme zur Verwendung mit Fluoreszenz-Verstärkungsfolien in der
medizinischen Diagnostik
Teil 1: Sensitometrische Darstellung der Fluoreszenzstrahlung von Cal-
ciumwolframat-Verstärkungsfolien
Teil 2: Bestimmung der Empfindlichkeit, des mittleren Gradienten und
des Schleiers

6831 Filme und Verstärkungsfolien für medizinische Röntgenaufnahme
Teil 1: Maße und Anforderungen an Blattfilme (Entwurf)
Teil 2: Maße und Anforderungen an Verstärkungsfolien (Entwurf)

6832 Kassetten für medizinische Röntgenaufnahmen
Teil 1: Maße und Anforderungen
Teil 2: Prüfung der Lichtdichtheit und Anpressung

6834 Strahlenschutztüren für medizinisch genutzte Räume
Teil 1: Anforderungen
Teil 2: Drehflügeltüren, einflügelig mit Richtzarge, Maße
Teil 3: Drehflügeltüren, zweiflügelig mit Richtzarge, Maße

25409 Fernbedienungsgeräte zum Arbeiten hinter Schutzwänden
  Beibl.: Hinweise für die Verwendung
  Teil 1: Ferngreifer, Maße
  Teil 2: Parallel-Manipulatoren mit 3 Gelenken, Maße
  Teil 3: Parallel-Manipulatoren in Teleskopbauart, Maße
  Teil 4: Parallel-Manipulatoren in Teleskopbauart, Anforderungen
  Teil 5: Parallel-Manipulatoren mit 3 Gelenken, Anforderungen
  Teil 6: Ferngreifer, Anforderungen
  Teil 7: Kraftmanipulatoren mit elektrischen Antrieben, Anforderungen
      und Prüfungen
  Teil 8: Kraftmanipulatoren, Bedienteile, Anordnung und Kennzeichnung
      (Entwurf)

25412 Laboreinrichtungen
  Teil 1: Handschuhkästen, Maße und Anforderungen
      Beiblatt: Handschuhkästen, Maße und Anforderungen, Beispiele
      für Zusatzausrüstungen
  Teil 2: Handschuhkästen, Dichtheitsprüfung

25413 Klassifikation von Betonen nach Elementanteilen bei Verwendung zur
  Neutronenabschirmung
  Teil 2: Klassifikation von Abschirmbetonen nach Elementanteilen; Ab-
      schirmung von Gammastrahlung

25415 Dekontamination von radioaktiv kontaminierten Oberflächen
  Teil 1: Verfahren zur Prüfung und Bewertung der Dekontaminierbarkeit
      (Vornorm)
  Teil 2: Bestimmung der Oberflächenkontamination

25423 Probennahme bei der Radioaktivitätsüberwachung der Luft
  Teil 1: Allgemeine Anforderungen
      Beiblatt: Hinweise zur Berechnung von Partikelverlusten in
      Probenahmeleitungen und Hinweise zur Fehlerermittlung anisoki-
      netischer Probenahme
  Teil 2: Spezielle Anforderungen bei der Probenahme aus Kanälen und
      Schornsteinen
  Teil 3: Probenahmeverfahren

25425 Radionuklidlaboratorien
  Teil 1: Regeln für die Auslegung
  Teil 2: Schutzmaßnahmen beim Umgang mit offenen radioaktiven Stoffen
      (Entwurf)

25426 Umschlossene radioaktive Stoffe
  Teil 1: Anforderungen und Klassifikation
  Teil 2: Anforderungen an radioaktive Stoffe in besonderer Form
  Teil 3: Dichtheitsprüfverfahren im Zusammenhang mit der Herstellung
  Teil 4: Dichtheitsprüfungen während des Umgangs

25430 Sicherheitskennzeichnung im Strahlenschutz

25465 Messung flüssiger radioaktiver Stoffe zur Überwachung der radioaktiven Ableitungen; Sicherheitstechnische Anforderungen

25466 Radionuklidabzüge; Anforderungen an die Ausführung und an die Be-
  triebsweise (Entwurf)

44423 Probenschälchen für radioaktive Stoffe

44427 Prüfstrahler zur Funktionskontrolle von Dosisleistungsmessern

54113 Strahlenschutzregeln für die technische Anwendung von Röntgeneinrichtungen bis 500 kV
 Teil 1: Allgemeine sicherheitstechnische Anforderungen und Prüfung
 Teil 2: Sicherheitstechnische Anforderungen und Prüfung für Herstellung, Errichtung und Betrieb
 Teil 3: Formeln und Diagramme für Strahlenschutzberechnungen

54115 Strahlenschutzregeln für die technische Anwendung umschlossener radioaktiver Stoffe
 Teil 1: Zugelassene Körperdosen, Kontroll- und Überwachungsbereiche
 Teil 4: Herstellung und Prüfung ortsveränderlicher Strahlengeräte für die Gammaradiographie
 Teil 5: Errichtung von Anlagen für die Gammaradiographie

11.5 Berufsgenossenschaftliche Vorschriften, Richtlinien, Merkblätter

a) Unfallverhütungsvorschrift Medizinische Anwendungen radioaktiver Stoffe (VBG 117)

b) Richtlinien zum Schutz gegen ionisierende Strahlen bei Verwendung und Lagerung offener radioaktiver Stoffe (Berufsgenossenschaft der chemischen Industrie)

c) Merkblatt für das Arbeiten mit offenen radioaktiven Stoffen (Berufsgenossenschaft der chemischen Industrie)

d) Merkblatt für den Umgang mit umschlossenen radioaktiven Stoffen (Deutsche Gesellschaft für Arbeitsschutz)

e) Richtlinien umschlossene radioaktive Stoffe (mit Ausnahme der medizinischen Anwendung), (Hauptverband der gewerblichen Berufsgenossenschaften)

f) Anwendung von Röntgenstrahlen in medizinischen (ärztlichen, zahnärztlichen und tierärztlichen) Betrieben (Berufsgenossenschaft für Gesundheitsdienst und Wohlfahrtspflege)

g) Anwendung von Röntgenstrahlen in nichtmedizinischen Betrieben (Berufsgenossenschaft der chemischen Industrie, VBG 94a)

h) Merkblatt über Gesundheitsschäden durch Radargeräte und ähnliche Anlagen und deren Verhütung (Dedutsche Gesellschaft für Ortung und Navigation e.V:)

i) Mustersicherheitsvorschriften für gewerbliche Anlagen, Richtlinien für Behörden und Unternehmer (herausgegeben vom Internationalen Arbeitsamt)

k) VDE-Vorschriften in den Gruppen
 Radiologische Technik (Allgemein)
 Radiologische Technik (nichtmedizinische Anwendung)
 Elektrotechnik in medizinischen Betrieben und Elektromedizin

Sachverzeichnis